Paul J. Crutzen

Die Geologie der Menschheit

In den letzten drei Jahrhunderten sind die Effekte des menschlichen Handelns auf die globale Umwelt eskaliert. Auf Grund der anthropogenen CO_2-Emissionen dürfte das Klima auf dem Planeten in den kommenden Jahrtausenden signifikant von der natürlichen Entwicklung abweichen. Insofern scheint es mir angemessen, die gegenwärtige, vom Menschen geprägte geologische Epoche als »Anthropozän« zu bezeichnen. Sie folgt auf das Holozän, jene warme Periode, die sich über die letzten zehn bis zwölftausend Jahre erstreckte. Den Beginn des Anthropozäns kann man auf das späte 18. Jahrhundert datieren, da Untersuchungen der in Eisbohrkernen eingeschlossenen Luftbläschen ergaben, daß die Konzentration von CO_2 und Methan in der Atmosphäre in dieser Zeit weltweit zuzunehmen begann. Dieses Datum fällt überdies mit James Watts Erfindung des sogenannten Wattschen Parallelogramms im Jahr 1784 zusammen, einer entscheidenden Verbesserung der Dampfmaschine.

Der wachsende Einfluß der Menschheit auf die Umwelt wurde bereits 1873 erkannt, als der italienische Geologe Antonio Stoppani sagte, es gäbe »eine neue tellurische Macht, die es an Kraft und Universalität mit den großen Gewalten der Natur« aufnehmen könne. Stoppani sprach in diesem Zusammenhang vom »anthropozänen Zeitalter«. 1926 räumte dann auch Wladimir I. Wernadski ein, daß menschliche Aktivitäten immer stärkere Auswirkungen auf den Planeten hätten: »Der Prozeß der Evolution muß in Zukunft voranschreiten in Richtung des wachsenden Bewußtseins und der größeren Aufmerksamkeit für Formen, die immer stärkeren Einfluß auf ihre Umgebung haben.« Wie Teilhard de Chardin bediente sich auch Wernadski des Begriffs der »Noosphäre« – also der »Welt des Denkens« –, um die zunehmende Bedeutung der Leistungen des menschlichen Gehirns im Hinblick auf die Gestaltung der Zukunft der Spezies hervorzuheben.

Das Wachstum der Weltbevölkerung sowie die Pro-Kopf-Ausbeutung der natürlichen Ressourcen haben sich seither mit großer Geschwindigkeit fortgesetzt. In den letzten 300 Jahren hat die menschliche Population um das Zehnfache zugenommen, sie liegt derzeit (Stand April 2011; Anmerkung des Übersetzers) bei knapp sieben Milliarden und soll noch im Lauf des 21. Jahrhunderts die Zehn-Milliarden-Marke erreichen. Die Anzahl der methanproduzierenden Rinder ist auf 1,4 Milliarden gestiegen. Zwischen dreißig und fünfzig Prozent der Erdoberfläche werden heute bereits von Menschen ausgebeutet. Die tropischen Regenwälder verschwinden sehr schnell, dadurch wird CO_2 freigesetzt und das Aussterben von Arten wird beschleunigt. Das Errichten von Dämmen und die Regulierung von Flußläufen sind an der Tagesordnung. Über die Hälfte des verfügbaren Süßwassers wird von der Menschheit genutzt. Die Fischerei entnimmt den Auftriebsgebieten der Ozeane über 25 Prozent der primären Produktion, in den gemäßigten küstennahen Zonen sind es sogar 35 Prozent. Der Energieverbrauch hat sich im Verlauf des 20. Jahrhunderts versechzehnfacht, der Ausstoß an Schwefeldioxid liegt heute bei etwa 160 Millionen Tonnen im Jahr – mehr als das Doppelte der Summe der natürlichen Emissionen. In der Landwirtschaft kommt eine größere Menge an Stickstoff als Dünger zum Einsatz, als auf natürliche Weise in den Ökosystemen der Erde gebunden ist. Auch die Produktion von Stickstoffmonoxid im Rahmen der Verbrennung fossiler Energieträger und von Biomasse übersteigt die natürlichen Emissionen. Der Einsatz fossiler Brennstoffe und die Landwirtschaft haben zu einem substantiellen Anstieg der »Treibhausgase« in der Atmosphäre geführt – beim Kohlenstoffdioxid um dreißig und beim Methan gar um über einhundert Prozent. Ihre Konzentration ist heute höher als zu irgendeinem Zeitpunkt während der letzten 400 Jahrtausende – und wir haben den Höhepunkt noch lange nicht erreicht.

In der Vergangenheit wurden diese Veränderungen im wesentlichen von gerade einmal einem Viertel der Weltbevölkerung verursacht. Zu den Konsequenzen zählen saurer Regen, photochemischer »Smog« und die Erwärmung des Klimas. Nach Schätzungen des Intergovernmental Panel on Climate Change (IPCC) wird die Temperatur auf der Erde noch in diesem Jahrhundert um 1,4 bis 5,8 Grad Celsius zunehmen (Stand 2002; vgl. zu den aktuellen Prognosen des IPCC den Text von Michael D. Mastrandrea und Stephen H. Schneider in diesem Band; Anmerkung des Übersetzers).

Viele toxische Substanzen gerieten in die Umwelt, dazu kommen Substanzen, die an sich nicht giftig sind, die aber dennoch schwerwiegende Schäden verursachen können – man denke an die Fluorchlorkohlenwasserstoffe, die das »Ozonloch« über der Antarktis verursacht haben (und deren Einsatz inzwischen streng reglementiert wurde). Es hätte wesentlich schlimmer kommen können: Die das Ozon zerstörenden Eigenschaften der Halogene werden überhaupt erst seit den siebziger Jahren des 20. Jahrhunderts erforscht. Hätte sich herausgestellt, daß Chlor sich chemisch ähnlich verhält wie Brom, wäre das Ozonloch heute ein weltweites und ganzjähriges Phänomen, keine auf den antarktischen Frühling begrenzte Erscheinung. Es ist eher dem Glück als unserem Wissen zu verdanken, daß diese katastrophale Situation nicht eingetreten ist.

Solange es nicht zu einer globalen Katastrophe kommt – einem Meteoriteneinschlag, einem neuen Weltkrieg oder einer verheerenden Pandemie etwa –, wird die Menschheit auf

Jahrtausende hinaus einen maßgeblichen ökologischen Faktor darstellen. Wissenschaftler und Ingenieure stehen vor einer gewaltigen Aufgabe: Sie müssen der Gesellschaft den Weg in Richtung eines ökologisch nachhaltigen Managements des Planeten im Zeitalter des Anthropozäns weisen. Dies erfordert angemessenes menschliches Verhalten auf allen Ebenen und möglicherweise auch großangelegte Geoengineering-Projekte, zum Beispiel zur »Optimierung« des Klimas. Zum jetzigen Zeitpunkt wandeln wir jedoch noch weitgehend auf einer *terra incognita*.

Aus dem Englischen von Heinrich Geiselberger

Michael D. Mastrandrea / Stephen H. Schneider

Vorbereitungen für den Klimawandel

Einleitung

Weltweit gibt es eine stark wachsende Bereitschaft, sich dem Problem des Klimawandels, einer der größten Herausforderungen für die moderne Gesellschaft, zu stellen. Der Weg zum gegenwärtigen globalen Umweltbewußtsein war jedoch mit vielen Hindernissen gepflastert.

Der natürliche Treibhauseffekt und seine Verstärkung durch vom Menschen verursachte (anthropogene) Emissionen von Treibhausgasen sind bekannt und wissenschaftlich gut belegt. Für die Klimaforscher, die die Mehrheitsmeinung vertreten, handelt es sich dabei um einen belastbaren Befund. Doch obwohl die Beweise auf der Hand liegen, gibt es eine Reihe von Interessengruppen – sowie einige Wissenschaftler –, welche die in den letzten vierzig Jahren gefundenen Belege für eine anthropogene globale Erwärmung immer noch nicht akzeptieren.

Leider werden diese Skeptiker von den Medien häufig als glaubwürdige Experten behandelt, denen ebensoviel Gehör geschenkt wird wie den die Mehrheitsmeinung vertretenden Wissenschaftlern. Ein Ergebnis dessen ist, daß in der Öffentlichkeit Verwirrung herrscht, wodurch eine ohnehin schon heftige Diskussion weiter angeheizt wird. Der Klimawandel ist nicht nur Gegenstand wissenschaftlicher Untersuchungen, sondern auch ein Thema, das die Öffentlichkeit und die Politik beschäftigt. Die Reaktionen auf den Klimawandel werden die natürlichen Ökosysteme, die Energieerzeugung, das Verkehrswesen, Entwicklungsstrategien, Regierungspolitiken, die Bevölkerungsentwicklung, Verteilungsgerechtigkeit und individuelle Freiheiten und Verantwortlichkeiten auf der ganzen Welt tiefgreifend beeinflussen – kurzum: Sie werden sich auf die Qualität menschlicher und ökologischer Systeme auswirken. Entscheidungen über Umfang und Zeitfenster der Klimapolitik werden Kosten und Nutzen für die betroffenen Gemeinschaften mit sich bringen, in denen es widerstreitende Prioritäten gibt. Zudem wird sich all dies vor dem Hintergrund unterschiedlicher Wissensstände und damit verbundener Unsicherheiten abspielen.

Einige dieser Unsicherheiten werden sich in den nächsten zehn oder zwanzig Jahren durch »normale« wissenschaftliche Untersuchungen beseitigen lassen. Andere werden zweifellos noch lange fortbestehen, und zwar auch dann noch, wenn wir Veränderungen zu bewältigen haben, die entweder nicht mit großer Sicherheit prognostiziert werden können oder, falls sie doch eindeutig festgestellt werden, nicht mehr umkehrbar sind. Dies stellt eine große Herausforderung für die weltweite Gestaltung unserer Entwicklungspfade dar.

Politiker, Lobbyisten, Finanzleute, Umweltschützer und Klimaskeptiker haben sich mächtig ins Zeug gelegt, um die öffentliche Meinung – und die von ihr kontrollierten finanziellen Ressourcen – in ihrem Sinn zu beeinflussen. Die meisten der Mehrheitsmeinung anhängenden Wissenschaftler haben mit den ihnen zur Verfügung stehenden Methoden dagegengehalten: Forschung zur Verbesserung des Verständnisses klimatischer Vorgänge und der Prognosefähigkeit, verantwortungsbewußte Berichterstattung über Forschungsdaten, bestmögliche Theoriebildung, internationale Kooperation und Aufforderungen, Klimafragen in politische Überlegungen einzubeziehen. Entscheidungsträger, die mit zahllosen »Wahrheits«-Ansprüchen konfrontiert werden, verlassen sich mittlerweile auf Institutionen, die die relative Glaubwürdigkeit der jeweiligen Behauptungen bewerten. Die meisten Länder greifen auf ihre eigenen Wissenschaftsakademien zurück, um Einschätzungen im nationalen Maßstab vorzunehmen.

Doch die Probleme der internationalen Zusammenarbeit erfordern auch internationale Anstrengungen. Aus diesem Grund haben das UN Environment Program und die World Meteorological Organization 1988 den Intergovernmental Panel on Climate Change (IPCC) gegründet. Alle fünf bis sechs Jahre veröffentlicht der IPCC seinen von Wissenschaftlern geprüften und von Regierungen weltweit gebilligten *Sachstandsbericht* (*Assessment Report*), der so etwas wie einem globalen Konsens der Wissenschaftler über den Klimawandel am nächsten kommt.

Jeder Bericht enthält eine Einschätzung der Wahrscheinlichkeit, daß seine wichtigsten Schlußfolgerungen eintreten werden, sowie Informationen dazu, als wie verläßlich die Autoren des Berichts die Forschungsarbeiten einschätzen, die ihren Prognosen zugrunde liegen. Durch dieses Verfahren werden die wahrscheinlicheren Ergebnisse von den eher spekulativen getrennt. Sowohl die Experten als auch die Regierungen prüfen die Berichtsentwürfe in der Entstehungsphase gründlich, und eine Kurzfassung für politische Entscheidungsträger (*Summary for Policy Makers*, kurz SPM) wird von einem »Plenum« gebilligt, in dem Hunderte von Regierungsvertretern zusammen mit führenden Wissenschaftlern um den genauen Wortlaut ringen. Es ist schwer, bei allen Parteien Einigkeit in bezug auf die sprachlichen Formulierungen zu erreichen, und Außenseiterpositionen von beiden Enden des Spektrums kommen zwangsläufig nicht zum Zug; aber der Konsens über die SPM führt dazu, daß die meisten nationalen Regierungen die grundlegenden Schlußfolgerungen der *Sachstandsberichte* des IPCC akzeptieren.

Unterschiedliche Interessen, ungewisse Ergebnisse

Für den vom Menschen verursachten Klimawandel gibt es eine erdrückende Fülle von Belegen. Es gilt in der Wissenschaft als sicher, daß es in den letzten hundert Jahren eine starke Tendenz zur Erwärmung gab. Der jüngste Bericht – der *Vierte Sachstandsbericht* des IPCC von 2007 – nannte sie »eindeutig«. Überdies steht fest, daß die Erwärmung der letzten vier Jahrzehnte weitgehend durch menschliche Aktivitäten verursacht wurde – der Bericht nannte dies »sehr wahrscheinlich« – und daß im 21. Jahrhundert eine noch wesentlich stärkere Erwärmung zu erwarten ist, falls die Emissionen weiter steigen. Doch wieviel Erwärmung können wir tatsächlich erwarten, und wie stark werden die Auswirkungen sein?

Auf diese Fragen kann die wissenschaftliche Literatur nicht mit der gleichen Sicherheit antworten. Schätzungen, wie stark die Erwärmung und ihre Auswirkungen bis 2100 sein werden, variieren um den beträchtlichen Faktor 6. Dies ist teilweise darauf zurückzuführen, daß ungewiß ist, wie das Klimasystem auf die zukünftige Verlaufskurve der Treibhausgasemissionen reagieren wird. Ein größerer Unsicherheitsfaktor ist allerdings diese Verlaufskurve selbst, die wiederum von der zukünftigen sozioökonomischen Entwicklung und den politischen Entscheidungen abhängig ist, welche die Emissionen beeinflussen.

Die forschungspolitische Aufgabe besteht somit darin, mit der Unsicherheit richtig umzugehen, anstatt unendlich viel Zeit darauf zu verwenden, sie zu beseitigen. Diese Form des Risikomanagements kommt häufig in den Bereichen Verteidigung und Gesundheitswesen, in der Wirtschaft sowie bei umweltpolitischen Entscheidungen zum Tragen. Daher hat sich der IPCC darauf konzentriert, die wissenschaftlichen Forschungsergebnisse zu bewerten, die die vom Klimawandel ausgehenden – in den einzelnen Szenarien unterschiedlich starken – Bedrohungen detailliert beschreiben. Ferner geht es darum, mit welcher Wahrscheinlichkeit diese unterschiedlich großen Klimaveränderungen in verschiedenen »Business as usual«-Szenarien eintreten werden und welche potentiellen Gegenstrategien es gibt. Diese Prognosen machen deutlich, daß *business as usual* unterschiedliche potentielle Gefahren mit sich bringt.

Daß Regierungen das Ziel verfolgen, die Emission von Treibhausgasen zu reduzieren, ist ein Verdienst des IPCC. Es überrascht nicht, daß diejenigen, die finanziell von emissionsintensiven Wirtschaftsaktivitäten profitieren – zumeist erfolglos –, versucht haben, die Glaubwürdigkeit der vom IPCC vorgelegten Forschungsergebnisse zu diskreditieren. Da ihnen das nicht gelungen ist, sind sie dazu übergegangen, die Arbeitsweise des IPCC oder einzelne Wissenschaftler anzugreifen. Diese Kampagnen waren erfolgreicher.

Zum Beispiel wurde nach der Veröffentlichung des *Vierten Sachstandsberichts* im Jahr 2007 eine kleine, klimapolitisch jedoch äußerst schädliche Anzahl von Fehlern in dem Dokument des IPCC entdeckt. Besondere Aufmerksamkeit erregte eine Schlußfolgerung, die auf der wissenschaftlich nicht fundierten Angabe beruhte, die Gletscher im Himalaya würden bis 2035 abschmelzen. Es gibt zur Zeit keine Möglichkeit, seriös vorherzusagen, welches Ausmaß der Erwärmung solch gravierende Konsequenzen auslösen würde, oder die Geschwindigkeit abzuschätzen, mit der sie schließlich eintreten würden, wenn sie einmal in Gang gekommen sind. Angesichts dieser Unsicherheiten kann keine einzelne Zahl mit Sicherheit genannt werden – es müssen verschiedene Szenarien angenommen werden. Doch die falsche Jahresangabe und die darauf basierende Schlußfolgerung blieben unentdeckt, was unter anderem dazu führte, daß viele Menschen die richtige Schlußfolgerung des Berichts nicht zur Kenntnis nahmen, nämlich daß die Schmelze der Himalaya-Gletscher laut sehr zuverlässigen Beobachtungen bereits begonnen hat.

Viele Medienvertreter und fast alle Gegner der vom IPCC vorgelegten Ergebnisse zogen die Glaubwürdigkeit der Klimaforschung im allgemeinen und die des IPCC im besonderen in Zweifel. Manche behaupteten sogar, die Fehler stellten bewußte Übertreibungen dar, da man an höhere Forschungsgelder kommen wolle. Es ist natürlich legitim, darauf hinzuweisen, daß Wissenschaftler Fehler machen und daß bessere Verfahren vonnöten sind, um Fehlerquoten zu verringern. Aber in nur wenigen Berichten und Polemiken gegen den IPCC wurde erwähnt, daß dieser kleinen Anzahl von Fehlern Tausende von Einschätzungen und Hunderte von Schlußfolgerungen gegenüberstanden, die nicht angefochten wurden. Die Verfahrensweisen des IPCC umfassen auch Richtlinien bezüglich des Umgangs mit Unsicherheiten, die unter anderem helfen sollen, solche potentiellen Fehler zu vermeiden. In den allermeisten Fällen haben diese Richtlinien ihre Funktion erfüllt. Bei den Verfahren zur Einschätzung komplexer Systeme kann der IPCC eine beispiellos gute Bilanz aufweisen, was die präzise Wiedergabe des Stands der Wissenschaft und die wissenschaftliche Fundierung verschiedener Schlußfolgerungen betrifft. Im Finanzwesen, im Bereich der Verteidigungs- und Sicherheitspolitik sowie im Gesundheitswesen gibt es nirgends einen annähernd so hohen Prozentsatz unangefochtener Ergebnisse.

Wie bereits erwähnt, sind Prognosen zum Klimawandel und seinen Folgen mit signifikanten Unsicherheiten behaftet. Die Wissenschaft ist bestrebt, Unsicherheiten durch das Sammeln von Daten, weitere Forschung, Modellbildungen, Simulationen und andere Methoden der Informationsbeschaffung zu beseitigen, und die fortgesetzte Erforschung des Klimasystems wird die Unsicherheit über die Auswirkungen zunehmender Konzentrationen von Treibhausgasen in der Atmosphäre schließlich verringern. Angesichts der Komplexität des globalen Klimasystems gilt es, die Daten, die über viele Jahrzehnte hinweg sorgfältig erhoben wurden, genau zu analysieren.

Doch selbst die Prognosen, die im Rahmen der optimistischsten *Business-as-usual*-Szenarien formuliert wurden, besagen, daß es in bestimmten Regionen, Bereichen und Bevölkerungsgruppen zu potentiell gefährlichen Klimaeffekten kommen kann. Das bedeutet, daß wir nicht umhinkönnen, strategische Entscheidungen zu treffen, noch bevor signifikante Unsicherheiten beseitigt sind. Die Risikoanalyse – die wissenschaftliche Einschätzung der Folgen bestimmter Szenarien und der Wahrscheinlichkeit ihres Eintretens – unterscheidet sich vom Risikomanagement, bei dem in höherem Maß moralische Werte im Spiel sind; hierbei geht es um die Entscheidung, wie man sich vor den Risiken schützen kann, die im Zuge der wissenschaftlichen Untersuchungen entdeckt werden.

Um die heute bereits feststellbaren Klimaauswirkungen zu bewältigen und um einen noch schädlicheren Klimawandel in den kommenden Jahrzehnten zu verhindern, ist umfassendes und nachhaltiges globales Handeln erforderlich. Das Ziel ist klar: die Reduzierung der Zunahme von Treibhausgasemissionen und die spürbare Senkung dieser Emissionen unter die heutigen Werte. In den gegenwärtigen Diskussionen werden die Bemühungen zur Erreichung dieses Ziels Verminderung (*mitigation*) genannt.

Allerdings ist auch klar, daß eine Verminderung nicht ausreichen wird, um das Klimaproblem in den Griff zu bekommen. Selbst bei energischen weltweiten Bemühungen um eine Verringerung der Emissionen wird sich das Klima auf der Erde auf Grund der Emissionen der Vergangenheit und der Trägheit gesellschaftlicher und physikalischer Systeme zumindest für die Dauer vieler Jahrzehnte beträchtlich verändern. Signifikante Auswirkungen des Klimawandels sind bereits erkennbar und stellen wachsende Risiken für viele gefährdete Bevölkerungsgruppen und Regionen dar.

Neben der Verminderung brauchen wir folglich auch Strategien, die auf Anpassung (*adaptation*) zielen; es geht also um Maßnahmen der vernünftigen Anpassung an die unvermeidlichen Veränderungen, die wir bereits jetzt erleben. Außerdem müssen wir Anpassung mit Verminderung kombinieren, da der Erfolg der einen Strategie von dem der anderen abhängig ist. Die heutigen Bemühungen um die Verringerung der Emissionen werden zu einem bestimmten Zeitpunkt ausschlaggebend für das Ausmaß des Klimawandels sein und mit darüber entscheiden, welches Maß an Anpassung in Zukunft erforderlich – oder möglich – sein wird. Gleichzeitig wird ein besseres Verständnis des Umfangs des Klimawandels, an den eine Anpassung nur schwer möglich ist, dazu beitragen, daß wir uns ein Urteil darüber bilden können, wieviel Verminderung erforderlich ist.

In diesem Beitrag skizzieren wir die Herausforderungen, vor denen die Weltgesellschaft steht, wenn sie dem Klimawandel in all seinen Dimensionen begegnen will. Wir beginnen mit einem Überblick über die Forschung zum Klimawandel und seine potentiellen Auswirkungen, erörtern sodann Strategien zur Eindämmung des Klimawandels – Anpassung und Verminderung – und fordern zum Schluß eine *Bottom-up-/Top-down-Einschätzung*, bei der *Bottom-up*-Kenntnisse über bestehende Vulnerabilitäten und *Top-down*-Prognosen über die Klimaeffekte zusammengeführt werden. Diese Strategien liefern eine transparente Basis für sachkundige Entscheidungen, die das Ziel haben, Vulnerabilität zu verringern, wobei es insbesondere um Entscheidungen über Anpassungsmaßnahmen geht.

I. Der wissenschaftliche Konsens

Seit der zweiten Hälfte des 19. Jahrhunderts steigen die Temperaturen weltweit. Nach Schätzung des IPCC beträgt der globale durchschnittliche Temperaturanstieg etwa 0,75 Grad Celsius. Die zehn wärmsten Jahre der Geschichte wurden zwischen 1998 und 2010 gemessen. Es gibt heute eine Fülle wissenschaftlicher Belege dafür, daß die Menschen diese globale Erwärmung mitverursacht haben.

Es wurden und werden vielfältige Auswirkungen der Erwärmung beobachtet: das Schmelzen von Berggletschern, der Eisschilde Grönlands und in Teilen der westlichen Antarktis sowie des Meereises im nördlichen Polarmeer; steigende Meeresspiegel und ein Anstieg des Säuregehalts des Meerwassers; zunehmende Heftigkeit von Dürren, Hitzewellen, großen Flächenbränden und Wirbelstürmen (die Heftigkeit und/oder Häufigkeit von extremen Wetterereignissen können sich schon dann spürbar verändern, wenn es zu kleinen Veränderungen in den durchschnittlichen Bedingungen kommt); gewandelte Lebenszyklen und Lebensräume von Pflanzen und Tieren. Hauptverursacher insbesondere der raschen Erwärmung seit den siebziger Jahren des 20. Jahrhunderts sind Emissionen von Treibhausgasen wie Kohlendioxid und Methan, die durch menschliche Aktivitäten freigesetzt werden. Das Verbrennen fossiler Brennstoffe trägt am meisten zu den Treibhausgasen bei, aber auch die Landwirtschaft, Rodungen und die Zementproduktion spielen eine Rolle.

Der sich erwärmende Planet

Der Treibhauseffekt und seine Verstärkung durch von Menschen verursachte Emissionen sind bekannt und wissenschaftlich gut belegt. Schon 1827 wies der französische Mathematiker und Physiker Joseph Fourier darauf hin, daß Kohlendioxid Wärmestrahlung in der Atmosphäre zurückhält. 1896 bezeichnete der schwedische Chemiker Svante Arrhenius dies als *Treibhauseffekt*. Arrhenius stellte als erster fest, daß ein anthropogener Anstieg der Kohlendioxidmenge in der Atmosphäre die Temperatur signifikant beeinflussen kann.

Wie funktioniert das? Die Erdatmosphäre ist für sichtbares Licht einigermaßen durchlässig. Etwa die Hälfte der Strahlungsenergie der Sonne dringt in die Atmosphäre ein und wird von der Erdoberfläche absorbiert. Die andere Hälfte wird entweder durch die Atmosphäre absorbiert oder von Wolken, atmosphärischen Gasen, Aerosolen und von der Erdoberfläche in den Weltraum reflektiert. Die absorbierte Energie erwärmt die Erdoberfläche und die Atmosphäre, die die Energie als Infrarotstrahlung wieder abgeben. Um das Energiegleichgewicht aufrechtzuerhalten, muß die Erde so viel Energie in den Weltraum abgeben, wie sie aufnimmt, die Atmosphäre ist für Infrarotstrahlung jedoch wesentlich weniger durchlässig. Kohlendioxid, andere Treibhausgase und Wolken absorbieren zwischen achtzig und neunzig Prozent der Infrarotstrahlung, die von der Erdoberfläche emittiert wird, und geben Energie in alle Richtungen wieder ab, sowohl in den Weltraum als auch zurück zur Erdoberfläche.

Auf diese Weise wird Infrarotstrahlungsenergie zurückgehalten, wodurch die unteren Schichten der Atmosphäre aufgeheizt und die Erdoberfläche weiter erwärmt wird. Im Zuge der Erwärmung gibt die Erdoberfläche noch mehr Infrarotstrahlung nach oben ab und so weiter, bis sich die in den Weltraum abgegebene Infrarotstrahlung im Gleichgewicht mit der absorbierten Strahlungsenergie des Sonnenlichts und anderen Energiearten befindet, die von der Erdoberfläche kommen und wieder dorthin zurückgehen (zum Beispiel zunehmende Konvektionsenergieströme oder verdunsteter Wasserdampf, der eine große Menge latenter chemischer Energie von der Erdoberfläche zu den Wolken transportiert, wo sie im Kondensationsprozeß freigesetzt wird).

Durch den natürlichen Treibhauseffekt wird unser Planet wesentlich bewohnbarer – in Zahlen etwa 33 Grad Celsius wärmer, als er ohne diesen Effekt wäre. Menschliche Aktivitäten lassen die Konzentrationen von Treibhausgasen in der Atmosphäre allerdings direkt und indirekt ansteigen und verstärken dadurch den Treibhauseffekt. Der indirekte Effekt rührt in erster Linie von der zusätzlichen Wasserverdunstung auf der erwärmten Erdoberfläche her, ein Rückkoppelungseffekt, welcher der Atmosphäre noch mehr Wasserdampf – ein Treibhausgas – zuführt und somit die Erdoberfläche zusätzlich erwärmt. Diese sich wechselseitig verstärkenden Einflüsse werden als »positive Feedbacks im *radiative forcing*« bezeichnet (*radiative forcing* ist eine Störung der Strahlungsbilanz des Systems Erdoberfläche/Troposphäre; Anm. d. Ü.): Der Effekt der Ansammlung von Treibhausgasen, gemittelt über die ganze Erde, besteht darin, daß zusätzliche Wärme zurückgehalten wird; das erhöht wiederum die Temperatur, wodurch das Energiegleichgewicht wiederhergestellt wird. Die Treibhausgase, die gewöhnlich als Folge menschlicher Aktivitäten ausgestoßen werden, umfassen Kohlendioxid, Methan, Stickstoff und eine Reihe von Industriegasen wie Fluorchlorkohlenwasserstoffe, die in der Atmosphäre normalerweise nicht vorkommen. Auf indirektem Weg erzeugen die Menschen auch Ozon, das sich in den unteren Schichten der Atmosphäre anreichert. Die Ozonkonzentration, eine der gesundheitsschädlichen Komponenten des Smog, wächst mit der Erwärmung der Atmosphäre und der anhaltenden Verbrennung fossiler Brennstoffe.

Die Nutzung dieser Energieträger und (in einem geringeren Umfang) landwirtschaftliche und industrielle Aktivitäten erzeugen zudem Aerosolpartikel. Viele Aerosole reflektieren die auf die Erde auftreffende Sonnenenergie direkt in den Weltraum, was ein negatives *radiative forcing*, also einen Kühleffekt, zur Folge hat. Aerosolpartikel beeinflussen auch Farbe, Größe und Anzahl von Nebeltröpfchen, was, zusammengenommen, ein negatives *forcing* bewirkt. Einige dunkle Aerosole wie Ruß absorbieren Sonnenenergie, ein positives *forcing*, wenn sie den Planeten so sehr verdunkeln, daß mehr Sonnenlicht absorbiert wird. Ein weiterer indirekter Effekt ist, daß Ruß auf Schnee und Eis fällt, die dadurch dunkler werden, was den Schmelzprozeß beschleunigt. Viele Formen der Landnutzung (Rodungen etwa) tragen zu Treibhausgasemissionen bei – ein positives *forcing* –, können aber auch die Albedo (ein Maß für das Rückstrahlvermögen nicht selbstleuchtender Oberflächen; Anm. d. Ü.) der Erde verändern, was wiederum ein negatives *forcing* bewirkt. Doch Rodungen können durch die Beseitigung von Pflanzen mit großer Verdunstungsoberfläche örtliche Erwärmungen zur Folge haben. (Mehr Informationen zu *radiative forcing*, Aerosolen, zu Albedo-Feedbacks und anderen Themen finden sich in der unten angegebenen weiterführenden Literatur.)

Die beste vorliegende Schätzung des kombinierten Einflusses aller menschlichen Aktivitäten setzt diesen als sehr hoch an. Sein Ausmaß entspricht ungefähr dem positiven *radiative forcing* erhöhter Kohlendioxidkonzentrationen, wobei das positive *forcing* der kohlendioxidfreien Treibhausgase und dunklen Aerosole in etwa ausgeglichen wird durch das negative *forcing* direkter und indirekter Aerosoleffekte und veränderter Landnutzungen. Die vielen Unsicherheiten, die dabei im Spiel sind, bedeuten jedoch, daß präzise Schätzungen mit hoher Zuverlässigkeit noch nicht möglich sind. Wir können allerdings mit großer Sicherheit sagen, daß die gesamten Auswirkungen gravierend sind und daß menschliche Aktivitäten zu der beobachteten Erwärmung beitragen.

Was außer den menschlichen Aktivitäten könnte sonst noch die Erwärmung des Planeten bewirken? Viele natürliche Prozesse, die in der ferneren Vergangenheit stark variierten, beeinflussen die Energiebilanz der Erde und somit das Klima. Aerosole, die bei starken Vulkanausbrüchen in die Luft geschleudert werden, können für mehrere Jahre in der Stratosphäre bleiben und die unteren Schichten der Atmosphäre um einige Zehntel Grad abkühlen. Eine wechselnde Strahlungsleistung der Sonne kann die Temperaturen für Jahrzehnte in einem ähnlichen Umfang verändern, und der Sonnenfleckenzyklus hat eine geringe, aber erkennbare Auswirkung auf die Strahlungsleistung der Sonne (etwa 0,1 Prozent). Einige Wissenschaftler und interessierte Parteien machen in erster Linie diese natürlichen Prozesse für die in unserer Epoche stattfindende Erwärmung verantwortlich. Doch natürliche Prozesse allein verursachen nicht so viel *radiative forcing*, daß mehr als ein kleiner Anteil der in den letzten vierzig Jahren beobachteten Erwärmung auf sie zurückgeführt werden kann. Dagegen läßt sich ein wesentlich höherer Teil der Veränderungen, die in diesem Zeitraum beobachtet wurden, mit anthropogenen Einflüssen erklären.

Untersuchungen des Klimas in der Vergangenheit ermöglichen es Wissenschaftlern, die derzeitigen Veränderungen mit früheren zu vergleichen. Die Forscher verwenden dabei sogenannte *proxies* (indirekte Indikatoren; Anm. d. Ü.), die einen Einblick in solche natürlichen Schwankungen erlauben. Baumjahresringe und Pollenablagerungen auf dem Grund von Seen weisen darauf hin, daß die heutigen Temperaturen die höchsten des Jahrtausends sind und daß Umfang und Geschwindigkeit der Erwärmung in den vergangenen fünfzig Jahren wahrscheinlich größer waren als in der übrigen Zeit. Eisbohrkerne aus Grönland und aus der Antarktis ermöglichen Schätzungen sowohl der Temperatur als auch der atmosphärischen Treibhausgase vor Hunderttausenden von Jahren, die mehrere zyklische Wärmeperioden (»Zwischeneiszeiten« mit einer Dauer von 5000 bis 20 000 Jahren) umfaßten, zwischen denen Eiszeiten mit einer Länge von bis zu 100 000 Jahren lagen. Diese Beispiele weisen nicht nur auf eine starke Korrelation zwischen Temperatur und der Konzentration von Treibhausgasen – vor allem CO_2 und Methan – hin, sondern sie zeigen auch, daß die Mengen von Kohlendioxid und anderen Treibhausgasen in der Atmosphäre weit über dem Niveau liegen, das für die vergangenen 650 000 Jahre festgestellt wurde. Eisbohrkerne liefern auch Informationen über Vulkanausbrüche und Schwankungen der Sonnenenergie und fördern so das Verständnis der oben beschriebenen natürlichen Mechanismen.

Es gibt noch viele weitere Belege dafür, daß die beobachteten Erwärmungstendenzen menschengemacht sind. Ein weiteres Beispiel: Die Stratosphäre hat sich abgekühlt, während sich die Erdoberfläche erwärmt hat. Dies ist eher ein Indikator für eine erhöhte Konzentration von Treibhausgasen in der Atmosphäre und ozonabbauender Substanzen in der Stratosphäre als etwa für eine höhere Abstrahlung von Sonnenenergie, die alle Schichten der Atmosphäre erwärmen müßte. Auf Grund der heutigen Beobachtungen und der anhand der *proxies* gelieferten Daten ist der IPCC zu dem Schluß gelangt, daß es *sehr wahrscheinlich* ist (die Wahrscheinlichkeit liegt bei mindestens neunzig Prozent), daß menschliche Aktivitäten für den größten Teil der im 20. Jahrhundert und insbesondere in den letzten vierzig Jahren festgestellten Erwärmung verantwortlich sind.

Dennoch ist der künftige Verlauf des Klimawandels höchst ungewiß, weil wir nicht wissen, welche Mengen von Treibhausgasen die Menschen erzeugen werden und wie das natürliche Klimasystem auf diese Emissionen reagieren wird.

Politische Entscheidungen können die erste Quelle der Unsicherheit (künftige Emissionen) stark beeinflussen, werden aber nur geringen Einfluß auf die zweite haben (die Reaktion des Klimas auf die Emissionen).

Modelle des Klimawandels

Diese Unsicherheit bedeutet, daß die Vorhersage des künftigen Klimawandels eine komplexe, mit vielen Ungenauigkeiten behaftete Aufgabe ist. Es gibt ein Spektrum plausibler Zukunftsszenarien. Mit dem Einsatz von Computermodellen, welche jene physikalischen, biologischen und chemischen Prozesse mathematisch genau beschreiben, die das Klima beeinflussen, versuchen die Wissenschaftler, die Reaktion des Klimas im Rahmen unterschiedlicher Szenarien bezüglich der Treibhausgasemission vorherzusagen. Ein ideales Modell würde alle bekannten klimarelevanten Prozesse umfassen und genügend zeitliche und räumliche Details enthalten, um die Phänomene zu modellieren, die sich in geographisch kleinen Regionen und über kurze Zeiträume hinweg ereignen.

Die besten Modelle, die es heute gibt, haben das Ziel, diesem Ideal möglichst nahe zu kommen, basieren jedoch noch auf vielen Näherungswerten, was an den Grenzen von Computermodellen und daran liegt, daß wir klimatisch wichtige, kleinräumige Phänomene wie Wolken noch nicht vollständig verstehen. Die Auflösung der heutigen Modelle ist auf eine geographische Gitterzelle mit einer Seitenlänge von 50 bis 100 Kilometern und einer Höhe von einem Kilometer begrenzt. Da alle physikalischen, chemischen und biologischen Eigenschaften für jede Gitterzelle gemittelt werden, ist es unmöglich, in einem Modell *explizit* sogenannte *Sub-grid-scale*-Phänomene darzustellen (also Phänomene, die zu kleinräumig sind, um in einer Zelle dargestellt zu werden; Anm. d. Ü.).

Mit anderen Worten: Das spezifische Klimageschehen in der Gitterzelle kann nur annähernd erfaßt werden.

Es ist allerdings möglich, *Sub-grid-scale*-Phänomene durch eine parametrische Darstellung *implizit* einzubeziehen. Diese »Parametrisierung« verbindet *Sub-grid-scale*-Prozesse mit explizit im Modell erfaßten Mittelwerten der Gitterzelle durch semi-empirische Regeln, die das Ziel haben, die relevanten Interaktionen zwischen diesen Phänomenen unterschiedlicher Größenordnung zu erfassen. Parametrisierungen zu entwickeln und diese zu testen, um einzuschätzen, bis zu welchem Grad sie *Sub-grid-scale*-Prozesse zuverlässig einbeziehen können, ist eine der schwierigsten und wichtigsten Aufgaben der Wissenschaftler, die Klimamodelle entwerfen. Die besten Modelle reproduzieren annähernd, wenn auch nicht völlig exakt, die detaillierten geographischen Muster von Temperatur, Niederschlägen und anderen klimatischen Variablen in einem regionalen Maßstab und können Veränderungen in diesen Mustern bei gegebenen Szenarios zukünftiger Treibhausgasemissionen prognostizieren.

Der *Vierte Sachstandsbericht* des IPCC, den wir beide mitverfaßt haben, enthält Prognosen, die sich aus Klimamodellen ergeben und die auf sechs sogenannten *storylines* basieren (*storylines* sind mögliche Entwicklungspfade; Anm. d. Ü.): auf möglichen zukünftigen Welten, die im Rahmen verschiedener Annahmen über Bevölkerungswachstum, Wirtschaftsentwicklung und technologischen Fortschritt entstehen. In einem Szenario geht der IPCC von einem starken Einsatz fossiler Brennstoffe und signifikant steigenden Emissionen während des Jahrhunderts aus und prognostiziert eine weitere globale durchschnittliche Erwärmung von 2,4-6,4 Grad Celsius bis zum Jahr 2100. In einem zweiten Szenario steigen die Emissionen langsamer an, erreichen ihren Höhepunkt etwa 2050 und sinken dann, was zu einer erwarteten Erwärmung von 1,1-2,9

Grad Celsius im Jahr 2100 führen würde. Der Unterschied zwischen den Temperaturen im ersten und im zweiten Szenario spiegelt den Einfluß verschiedener Verlaufskurven künftiger Treibhausgasemissionen und klimatische Reaktionen auf diese Emissionen wider: Wie stark werden die Temperaturen bei einer gegebenen Erhöhung der Konzentrationen steigen (bzw. wie stark wird das Klima durch *radiative forcing* beeinflußt)? Und wie werden sich der Kohlenstoffkreislauf und die Aufnahme von Kohlendioxid durch den Ozean und durch terrestrische Ökosysteme entwickeln, wenn sich die Temperatur und die Treibhausgaskonzentrationen in der Atmosphäre verändern?

Diese verschiedenen Erwärmungsprognosen implizieren sehr unterschiedliche durch den Klimawandel bedingte Risiken, die andere Klimavariablen (zum Beispiel Niederschlagsmuster) sowie die Wahrscheinlichkeit gravierender Auswirkungen betreffen. Eine starke Erwärmung könnte weitreichende, ja katastrophale Konsequenzen haben und nur sehr wenige Vorteile mit sich bringen (man denke an Schiffahrtsrouten über ein eisfreies Nördliches Eismeer oder die Möglichkeit, in dieser empfindlichen Region Ölquellen zu erkunden). Eine globale durchschnittliche Erwärmung von fünf bis sieben Grad Celsius entspricht dem Unterschied zwischen einer Eiszeit und einer Zwischeneiszeit; in diesem Fall würde der Wandel allerdings in nur einem Jahrhundert eintreten und nicht im Laufe von Jahrtausenden, wie in der Klimageschichte der Eiszeitzyklen, die noch nicht durch menschliche Aktivitäten beeinflußt war.

Eine geringe Erwärmung (um einige Grad Celsius) wäre zwar weniger schädlich, für manche Gemeinschaften, Bereiche und natürliche Ökosysteme aber immer noch gravierend. Die menschliche Zivilisation hat sich in einem Zeitalter entwickelt, in dem die globalen Temperaturen nie mehr als ein oder zwei Grad höher waren als heute; eine Erwärmung über ein oder zwei Grad hinaus hat es mithin in unserer gesamten Geschichte nicht gegeben. Einige Systeme haben im letzten Jahrhundert bereits beunruhigende Reaktionen auf die Erwärmung um ca. 0,75 Grad Celsius gezeigt. Die Emissionen der letzten zehn Jahre (mit Ausnahme eines Jahres, in dem sie auf Grund der Rezession 2008/2009 vorübergehend zurückgingen) überschreiten selbst die Annahmen des pessimistischsten Szenarios des IPCC aus dem Jahr 2000. Dies deutet darauf hin, daß in den nächsten Jahrzehnten starke Erhöhungen der Treibhausgasemissionen zu erwarten sind, wenn nicht schnell gehandelt wird, um die Emissionen zu verringern.

II. Auswirkungen

Die meisten von uns denken im eher lokalen Maßstab über das Klima nach: In der Karibik ist das Wetter wunderbar – warme Tage und kühle Nächte, viel Sonne, blauer Himmel. Es ist viel schöner als im trüben London oder im trockenen Dubai. Doch all diese lokalen Bedingungen sind das Produkt eines hochkomplexen globalen Systems, in dem unzählige Variablen zu einem breiten Spektrum von Klimaverhältnissen und Ökosystemen beitragen. Diese Vielfalt war in den vergangenen Jahrtausenden relativ stabil – bis die Zahl der Menschen und ihre ökonomischen Aktivitäten gewaltig anstiegen. Heute wird diese relative Stabilität durch starke Veränderungen der Landoberflächen, die chemische Zusammensetzung von Böden, Luft und Wasser sowie durch rasche Veränderungen der globalen Durchschnittstemperatur gefährdet, was wiederum auf dem ganzen Planeten auch die lokalen Klimaverhältnisse beeinflußt.

Der *Vierte Sachstandsbericht* des IPCC faßte viele der prognostizierten Auswirkungen des Klimawandels für bestimmte Regionen zusammen und hob Vulnerabilitäten in Schlüsselbereichen hervor. Dazu gehören der Verlust von Gletschern, das Abschmelzen von Eisschilden und andere Faktoren, die den Meeresspiegel ansteigen lassen, was zur Überflutung niedrig gelegener Küstengebiete und kleiner Inselstaaten überall auf der Welt führen könnte; dazu kommen die vermehrte Übertragung von Infektionskrankheiten; die Zunahme extremer Wetterereignisse wie Hitzewellen, Stürme, Hochwasser und Dürreperioden; ein beträchtlicher Rückgang der landwirtschaftlichen Produktivität, insbesondere in wärmeren Gebieten; der Verlust kultureller Vielfalt, weil Menschen aus ihren historisch gewachsenen Gemeinschaften herausgerissen werden; und ein zunehmendes Artensterben.

Nicht nur in der Theorie

Viele der im Bericht des IPCC erörterten Probleme können bereits heute in ihrem Frühstadium beobachtet werden: Wenn Gletscher schmelzen, steigt der Meeresspiegel, und das Wasser wird in jenen Regionen knapper, die in ihrer Trockenperiode stark auf Gletscherwasser angewiesen sind. In Südamerika könnte ein beträchtlicher Teil der Bevölkerung westlich der Anden auf Grund schmelzender Gletscher gefährdet sein. Einer im Jahr 2005 von Forschern der Universität San Diego erstellten Studie zufolge, sind die von Gletschern bedeckten Gebiete Perus in den letzten dreißig Jahren um 25 Prozent geschrumpft. Die Autoren weisen darauf hin, daß »bei der derzeitigen Schmelzgeschwindigkeit manche Gletscher in wenigen Jahrzehnten, wenn nicht gar früher, verschwunden sein könnten« und daß das durch die Gletscherschmelze verlorengegangene fossile Wasser in absehbarer Zukunft nicht ersetzt werden wird. China, Indien und andere Teile Asiens sind ebenfalls gefährdet. Die Eismasse der Bergregionen in diesem Teil der Erde ist die drittgrößte der Welt nach Grönland und der Antarktis, und wenn ihre Gletscher in den kommenden Jahrzehnten schmelzen, werden große Bevölkerungsgruppen unter knapper werdenden Wasserressourcen zu leiden haben. Die chinesische Akademie der Wissenschaften hat bekanntgegeben, daß die Gletscher der tibetischen Hochebene so schnell verschwinden, daß sie alle zehn Jahre um die Hälfte schrumpfen. Forscher schätzen, daß jeder von ihnen jährlich so viel Wasser abgibt, daß der gesamte Gelbe Fluß damit gefüllt werden könnte.

Während sich manche Leute über die schwindenden Wasserressourcen Sorgen machen, bekommen besonders gefährdete Bevölkerungsgruppen und jene mit geringer Anpassungsfähigkeit die direkten gesundheitlichen Folgen des Klimawandels bereits zu spüren. Die gestiegene Häufigkeit und Intensität von Hitzewellen stellen eine Gefährdung für kleine Kinder und ältere Menschen dar, vor allem dann, wenn Klimaanlagen nicht vorhanden oder unerschwinglich sind. Verheerende Ereignisse wie die Hitzewelle in Europa im Jahr 2003 – die zum vorzeitigen Tod von etwa 50 000 Menschen führte – verdeutlichen die Gefahren, die selbst in entwickelten Ländern bestehen. Besorgniserregend sind auch die zunehmende Häufigkeit und/oder Intensität von Hochwassern, Wirbelstürmen, großen Flächenbränden und anderen extremen Wetterereignissen. Die unmittelbaren Auswirkungen von großen Flächenbränden beispielsweise sind offenkundig, aber die indirekten Auswirkungen können noch schädlicher für die Gesundheit sein: Rauch verschlechtert die Luftqualität und vergrößert für Millionen von Menschen, die in den Gebieten leben, in die der Wind die Rußpartikel trägt, die Gefahr von Atemwegserkrankungen.

In manchen Regionen – insbesondere in der Arktis, wo die Lufttemperaturen ungefähr zweimal so schnell gestiegen sind wie weltweit – bedrohen die sich verändernden Klimaverhältnisse die gesamte Lebensweise der Menschen. Das Inseldorf Shishmaref vor der Westküste Alaskas war 4000 Jahre lang bewohnt. Für die jetzt noch verbliebenen 600 Bewohner besteht die sehr reale Möglichkeit, daß sie gezwungen sein könnten, ihr Dorf zu verlassen. Steigende Temperaturen bringen das Meereis zum Schmelzen, wodurch die Küste höheren Sturmfluten ausgesetzt ist. Der Permafrostboden entlang der Küste taut auf und verstärkt die Erosion; der Boden unter den Häusern wird aufgeweicht und die Wasserversorgung erschwert. Durch das fehlende Meereis im Herbst werden die Wanderungen zum Festland, wo Elche und Karibus gejagt werden, mühevoller. Inuit-Jäger im kanadischen Nunavut-Territorium berichten von dünner werdendem Meereis, schrumpfenden Beständen von Ringelrobben und dem Auftauchen neuer Insekten- und Vogelarten in ihrer Region. In der westkanadischen Arktis beobachten Inuvialuit mehr Gewitter und Blitze, die in dieser Region früher sehr selten vorkamen. Norwegische samische Rentierhalter berichten, die vorherrschenden Winde, an denen sich die Herden orientieren, hätten gedreht und kämen jetzt aus unterschiedlichen Richtungen, wodurch sie gezwungen seien, ihre traditionellen Wanderrouten zu ändern. Unberechenbares Wetter und unvorhersehbare Schnee- und Eisverhältnisse machen Wanderungen gefährlich und bringen Menschenleben in Gefahr. Es ist schwer, die genauen Zusammenhänge zwischen diesen lokalen Wetterveränderungen und dem Klimawandel herzustellen, aber die negativen Auswirkungen zeigen, daß mit extremen Wetterereignissen und dem sich verändernden Klima große Risiken verbunden sind.

In bezug auf die Biodiversität haben Klimaveränderungen potentiell irreversible Auswirkungen auf die Lebensräume und

Lebenszyklen von Pflanzen und Tieren: Einige Arten sind gezwungen, in nördlichere Breiten oder in höher gelegene Gebiete auszuweichen, während im Frühjahr bestimmte biologische Vorgänge beschleunigt werden. Je nach der Intensität seiner Auswirkungen und der Reaktionsgeschwindigkeit der verschiedenen Arten könnte der Klimawandel die natürlichen Lebensbedingungen bestehender Pflanzen- und Tierpopulationen beeinträchtigen und so die Wahrscheinlichkeit erhöhen, daß manche Arten aussterben.

In den letzten Jahrzehnten hat die Erwärmung beispielsweise dazu geführt, daß einige Vogelarten, die im Frühjahr wandern, sehr früh an ihren Standort zurückkehren. Wenn ihre Ankunft zeitlich nicht mehr mit dem Wachstum der Pflanzen zusammenfällt, die für den Nestbau oder die Entwicklung der Insekten notwendig sind, die diesen Vögeln als Nahrung dienen, können die miteinander verbundenen Lebenszyklen dieser voneinander abhängigen Arten tiefgreifend gestört werden.

Derartige Störungen stellen nicht nur eine Bedrohung für die Biodiversität dar, sondern auch für die »Güter«, die ein Ökosystem produziert (Meerestiere, Futter, Brennholz, Nutzholz, pharmazeutische Rohstoffe etc.), sowie für die »Dienstleistungen«, die es bereitstellt (Reinigung der Luft und des Wassers, Hochwasserschutz, Bestäubung, Entgiftung und Zersetzung von Abfällen, mäßigender Einfluß auf das Klima, Regeneration der Bodenfruchtbarkeit etc.).

Neben diesen bekannten Auswirkungen könnte der Klimawandel auch überraschende Ereignisse auslösen. Dabei handelt es sich um schnelle, nichtlineare Klimareaktionen, von denen man annimmt, daß sie eintreten, wenn gewisse umweltrelevante Schwellen überschritten werden. Einige dieser Ereignisse können antizipiert werden. Zu diesen »vorstellbaren überraschenden« Ereignissen könnten der Zusammenbruch der thermohalinen Zirkulation im Nordatlantik – der eine signifikante und möglicherweise schnelle Abkühlung von Teilen des Nordatlantiks bewirken könnte – oder auch das Abschmelzen der Gletscher in Grönland oder der Eisschilde in der westlichen Antarktis zählen. Diese Ereignisse würden sich über viele Jahrhunderte erstrecken (aber viele Jahrtausende lang weiterwirken) und zu einem beträchtlichen Anstieg des Meeresspiegels führen, der viele Küstenstädte und niedrig gelegene Küstengebiete wie Flußdeltas bedrohen würde. Aber angesichts der ungeheuren Komplexität des Klimawandels und zum Beispiel des Verhältnisses zwischen ozeanischen, atmosphärischen und terrestrischen Systemen besteht auch die Möglichkeit wirklich überraschender Ereignisse.

III. Risiken verstehen

Die Einschätzung der Ergebnisse der Klimaforschung, der Auswirkungen des Klimawandels und klimapolitischer Fragen generell basiert selten auf gesicherten Erkenntnissen. Wir haben es statt dessen mit Risiken zu tun – mit potentiellen Ergebnissen, die sich aus verschiedenen Annahmen über das Ausmaß des Klimawandels ergeben – sowie mit der Bandbreite an Szenarien für den Klimawandel, die sich aus unterschiedlich hohen zukünftigen Emissionswerten ergeben. Mit anderen Worten: Es geht darum, einzuschätzen, wie die Konsequenzen aussehen könnten und wie hoch die Wahrscheinlichkeit ist, daß sie Realität werden.

Die Risikoabschätzung ist in erster Linie ein wissenschaftliches Unterfangen, aber die Entscheidung darüber, welche Risiken man für tragbar hält und welche vermieden werden sollten – das »Risikomanagement« also –, ist ein überwiegend normatives, wertebezogenes Verfahren, für das die Politik zuständig ist. Die Klimaproblematik beinhaltet, wir haben darauf hingewiesen, große Ungewißheiten (in bezug auf Wahrscheinlichkeiten und Konsequenzen), die wahrscheinlich erst dann bewältigt werden können, wenn wir Entscheidungen darüber getroffen haben, wie wir mit ihren langfristigen und in manchen Fällen potentiell unumkehrbaren Implikationen umgehen wollen. Durch diese Entscheidungen werden einflußreiche und widerstreitende Interessengruppen tangiert, für die viel auf dem Spiel steht.

Die Philosophen Silvio Funtowicz und Jerome Ravetz haben solche Probleme an der Schnittstelle von Wissenschaft und Gesellschaft, die Entscheidungen bei vorherrschender Unsicherheit verlangen, als »Post-Normalwissenschaft« beschrieben. Im Rahmen von Thomas Kuhns »Normalwissenschaft« wird die Unsicherheit durch die Standardwissenschaft reduziert: mit Hilfe des Sammelns von Daten, Modellbildung, Simulationen, Vergleichen von Modelldaten usw. Das Ziel ist die Beseitigung von Unsicherheit – das Unbekannte soll in Bekanntes verwandelt werden. Neue Informationen, insbesondere zuverlässige und umfassende empirische Daten, können die Unsicherheitsspanne verringern. Diesem Paradigma zufolge kann die weitere Erforschung der Interaktionsprozesse des Klimasystems die Unsicherheit darüber verringern, wie das System auf die zunehmenden Treibhausgaskonzentrationen reagieren wird.

Dagegen erkennt die Post-Normalwissenschaft an, daß die Normalwissenschaft stetig voranschreitet, während jedoch manche Gruppen bereits Antworten möchten oder brauchen, bevor die Normalwissenschaft die mit dem anstehenden Problem verbundenen Unsicherheiten beseitigt hat. In diesem Fall wird es keinen klaren Konsens über alle wichtigen wissenschaftlichen Ergebnisse geben, geschweige denn über die Strategien zur Risikoverminderung, die die verschiedenen Akteure auf verschiedene Weise tangieren werden.

Entscheidungsträger müssen Klimarisiken gegen andere drängende soziale Probleme abwägen, da es eine Konkurrenz um begrenzte Ressourcen gibt. Manche befürchten, Maßnahmen zur Kontrolle von Risiken könnten unnötigerweise Ressourcen in Anspruch nehmen, die man für sinnvollere Zwecke einsetzen könnte, und das würde vor allem dann gelten, wenn sich am Ende herausstellen sollte, daß die Auswirkungen doch eher gering sind.

Man kann diese Herausforderung auch im Rahmen der Logik von Typ-I- und Typ-II-Fehlern reformulieren: Sollten Regierungen jetzt das Vorsorgeprinzip anwenden und handeln, um die Risiken des Klimawandels zu verringern, würden sie einen Fehler des Typs I begehen, wenn sich ihre Sorgen über den Klimawandel als übertrieben erweisen würden und anthropogene Treibhausgasemissionen nur einen geringen Anteil an dem gefährlichen Wandel hätten. Wenn sich die Politiker dagegen entschließen würden, erst dann zu handeln, wenn eine größere Sicherheit in bezug auf das Eintreten bestimmter Ereignisse gegeben wäre, und wir dann schwere Schäden erleben würden, hätten sie sich eines Fehlers des Typs II schuldig gemacht. Die Entscheidung darüber, welche Art von Fehler vermieden werden soll, ist nicht nur ein wissenschaftlicher Vorgang (d. h. eine Risikoeinschätzung), sondern sie beinhaltet auch ein Werturteil (darüber, welche Art von Risiko man eher in Kauf nehmen möchte).

Solche Debatten sind für eine informierte politische Entscheidungsfindung wichtig, und unter Wissenschaftlern werden sie regelmäßig geführt. Im Rahmen des *Vierten Sachstandberichts* des IPCC diskutierten beispielsweise die Arbeitsgruppen 1 und 2 über die Fehlertypen I und II im Hinblick auf Prognosen über den Anstieg des Meeresspiegels.

Die Wissenschaftler der Arbeitsgruppe 1 prognostizierten auf Grund der Wärmeausdehnung der Ozeane einen Anstieg von dreißig bis sechzig Zentimetern in diesem Jahrhundert, wobei sie auch die Komponente des Schmelzens von Eisschilden in Grönland und in der Antarktis (»Massenausgleich«) berücksichtigten. Eine weitere Komponente des Schmelzens von Eisschilden, die ebenfalls zum Anstieg des Meeresspiegels beiträgt, ließen sie bewußt außer acht – das »dynamische Schmelzen«, das als ein wichtiger Bestandteil des beobachteten Schmelzprozesses gilt –, weil die bestehenden Modelle der Eisschmelze das Ausmaß des Schmelzens unterschätzten, das tatsächlich beobachtet wurde. Stattdessen formulierte die Arbeitsgruppe 1 den Vorbehalt, die Prognosen über den Anstieg des Meeresspiegels würden die Auswirkungen des dynamischen Schmelzens nicht berücksichtigten. Da wir in der Arbeitsgruppe 2 von den Regierungen aufgefordert worden waren, einen Ansatz zum Risikomanagement zu entwickeln, bewerteten wir die Schlußfolgerung, der Meeresspiegel werde in den nächsten Jahrhunderten bis Jahrtausenden um vier bis sechs Meter steigen, mit mittlerer Konfidenz – d. h. mit einer Wahrscheinlichkeit von 33 bis 66 Prozent.

In den Diskussionen mit den Kolleginnen und Kollegen der Arbeitsgruppe 1 wiesen wir darauf hin, die Geschichte des Paläoklimas und die Tatsache, daß die Schmelzprozesse schneller verlaufen als vorhergesagt, machten es erforderlich, einzuschätzen – allerdings nicht mit hoher Konfidenz –, um wie viele Meter der Meeresspiegel in den nächsten Jahrhunderten möglicherweise steigt, ein Zeitraum, der für Häfen und Küstenstädte durchaus relevant ist. Die Kolleginnen und Kollegen der Arbeitsgruppe 1 wiederum machten uns zu Recht darauf aufmerksam, daß es in dieser Frage keinen wissenschaftlichen Konsens gibt. Doch der wichtige Konsens betrifft in diesem Fall nicht ein bestimmtes Ergebnis, sondern das *Vertrauen*, das wir in die wissenschaftliche Basis haben, auf der die Bandbreite möglicher Ergebnisse erarbeitet wird. Die Wissenschaftler müßten sogar eine 50:50-Wahrscheinlichkeit eines meterhohen Anstiegs erwähnen, da die Folgen gravierend wären.

Die Gesellschaft, und nicht die Wissenschaftler, sollte darüber entscheiden, wie wir auf ungewisse, aber signifikante Risiken reagieren wollen. Daher glauben wir, daß den Entscheidungsträgern wissenschaftliche Erkenntnisse über die ganze Bandbreite möglicher Folgen zugänglich gemacht werden müssen, denn die Frage, was zu tun ist, wenn Ergebnisse von geringer Wahrscheinlichkeit, aber mit gravierenden Folgen prognostiziert werden, erfordert ein Urteil, das in den Bereich des Risikomanagements fällt und nur Sache der Gesellschaft sein kann. Die hier zusammengefaßte Debatte ging insofern gut aus, als sich die Arbeitsgruppen auf einen fairen Kompromiß einigten, den auch die Regierungen billigten: Wir ermittelten die Wahrscheinlichkeiten für unterschiedlich hohe Anstiege des Meeresspiegels in den nächsten Jahrhunderten bzw. Jahrtausenden. Am Ende dieser Debatte über die Fehlertypen I und II verfügten die Regierungen über zusätzliche Informationen zu den potentiellen Risiken des Klimawandels und sie wußten genauer, wie solche Argumente formuliert werden können.

IV. Vorbereitungen für den Klimawandel

Selbst höchst optimistische Annahmen bezüglich der weiteren Entwicklung der Emissionen gehen von dramatischen und potentiell gefährlichen Auswirkungen auf das Klima aus. Daher müssen wir, auch wenn es keine Gewißheit über den zukünftigen Klimawandel gibt, den Status quo zum Positiven verändern. Was können wir angesichts schwerwiegender Risiken und großer Unsicherheit tun?

Wir wissen zwar nicht genau, in welchem Umfang die Temperatur steigen und welche Auswirkungen eine bestimmte Entwicklung der zukünftigen Emissionen haben wird, aber einige Dinge wissen wir sicher: Wir wissen, daß eine Reduktion der Emissionen den Temperaturanstieg verringern wird, zu dem es andernfalls kommen würde, und daß so die mit dem Klimawandel verbundenen Risiken gesenkt werden können. Aus diesem Grund ist eine Verminderung so wichtig. Wir wissen aber auch, daß das Klima sich weiter verändern wird, egal wie schnell wir die Emissionen gegebenenfalls reduzieren können. Und wir wissen, daß die Emissionen schneller und in einem größeren Umfang zunehmen, als selbst in den älteren Szenarien des IPCC angenommen wurde, die auf Höchstwerten basierten. Die Kombination vergangener und gegenwärtiger Emissionssteigerungen wird in jedem Fall über viele Jahrzehnte zu einer weiteren Erwärmung führen. Mit anderen Worten: Der Klimawandel ist eine Realität, und wir brauchen Verminderung *und* Anpassung. Wie können wir die richtige Mischung finden?

Verminderung und Anpassung

Verminderung und Anpassung werden häufig als Gegensätze dargestellt, als würde die Verfolgung des einen Ziels Aufmerksamkeit und Ressourcen vom anderen Ziel abziehen. Doch es wächst die Erkenntnis, daß die beiden Strategien gleichzeitig verfolgt werden und sich ergänzen müssen. Das Abkommen von Kopenhagen (das auf der UN-Klimakonferenz im Jahr 2009 abgeschlossen wurde) legt fest, daß das Überschreiten des vorindustriellen globalen Temperaturniveaus um zwei Grad Celsius die Schwelle darstellt, jenseits derer eine weitere Erwärmung nicht hinnehmbar ist. Diesem Ziel liegen wissenschaftliche Untersuchungen über die potentiellen Auswirkungen des zukünftigen Klimawandels zugrunde, letztlich beinhalten sie jedoch auch ein Werturteil über akzeptable Risiken. Zwei Grad wären 1,25 Grad Celsius über dem derzeitigen Stand – ein sehr hochgestecktes Ziel, wenn man bedenkt, daß die Emissionen weltweit weiter steigen. Aus diesem wichtigen Grund betrachten wir Verminderung und Anpassung als sich ergänzende Maßnahmen: Was durch Verminderung nicht verhindert werden kann, verlangt uns Anpassung ab; was wir durch Anpassung nicht bewältigen können, müssen wir verhindern.

Verminderung kann bewirken, daß die Erwärmung niedriger ausfällt, indem der Temperaturanstieg verhindert wird, der eintreten würde, wenn die Emissionen so hoch blieben wie bisher. Doch auch mit einem Rückgang der Emissionen wird eine gewisse Erwärmung verbunden sein, und die Auswirkungen dieser Erwärmung müssen durch Anpassung bewältigt werden. Anpassung ist eine Reaktion auf Erwärmung und kein Mittel zu ihrer Verlangsamung. Wird die Verminderung hinausgeschoben, kommt es zu einer weiteren Erwärmung, wodurch die Anpassung wesentlich erschwert wird. Auf Grund der Trägheit der Klima- und Wirtschaftssysteme, die erst nach Jahrzehnten reagieren, dauert es eine Weile, bis sich die Vorteile der Verminderung bemerkbar machen, so daß Anpassung eine ganz wichtige Reaktion auf kurzfristige Klimaveränderungen darstellt. Gelingt die Anpassung nicht, kann das verheerende Folgen für viele Bereiche, Regionen und Gruppen haben.

Es ist auch wichtig, sich klarzumachen, daß Verminderung und Anpassung sehr unterschiedliche Vorteile bringen. Verminderung führt zu langfristigen, globalen Vorteilen. Daher besteht für Verminderungsstrategien eine zentrale Herausforderung darin, globale Faktoren auszubalancieren. Schließlich sind die Verantwortung für die Emissionen der Vergangenheit und für den aktuellen Anstieg der Emissionen sowie die Fähigkeit zu einer Reduktion der Emissionen je nach Land sehr unterschiedlich. Dagegen machen sich die Vorteile von Anpassungsstrategien direkter bemerkbar, und sie kommen einzelnen Regionen und Bereichen stärker zugute. Da die Auswirkungen des Klimawandels auf verschiedene Regionen, Gruppen und Bereiche sehr unterschiedlich ausfallen, sind auch die Anpassungserfordernisse sehr unterschiedlich.

Pfade der Anpassung

Der IPCC beschreibt zwei Arten von Anpassung: die spontane und die geplante. Die spontane Anpassung ist nicht politisch gewollt; sie stellt eine durch die Auswirkungen des Klimawandels ausgelöste Reaktion dar. Nehmen wir ein physiologisches Beispiel für spontane Anpassung: Menschen, die heute in wärmeren Gebieten leben, haben sich an diese Verhältnisse angepasst und können Temperaturen vertragen, die bei Menschen in gemäßigteren Gebieten erhebliche körperliche Beschwerden verursachen würden. Doch einer solchen Anpassung sind Grenzen gesetzt, was vor allem dann gilt, wenn höhere Temperaturen zum vermehrten Einsatz von Klimaanlagen führen und die physiologische Adaptation dadurch vermindert wird. Auch die geplante Anpassung kann reaktiver Natur sein. Während der Hitzewelle in Europa im Jahr 2003 haben einige Länder besser koordinierte Pläne ausgearbeitet, um solche extremen Perioden in den Griff zu bekommen. Der Kauf zusätzlicher Wasserrechte, um den Auswirkungen zunehmender Trockenheit zu begegnen, oder – falls möglich – der Abschluß einer Ernteversicherung stellen ebenfalls reaktive Maßnahmen dar.

Keine Form der reaktiven Anpassung wird problemlos oder rasch vollzogen werden. Bauern können beispielsweise Bewirtschaftungsmethoden ablehnen, die ihnen nicht vertraut sind, sie können Probleme mit neuen Technologien haben oder einer unerwarteten Vermehrung von Schädlingen ausgesetzt sein. Starke natürliche Wetterschwankungen verhindern möglicherweise, daß Klimatendenzen klar erkannt werden. Nehmen wir einmal an, sich langsam aufbauende Trends führen in einem bestimmten Gebiet zu häufigeren oder intensiveren Niederschlägen. Aber Bauern, die ungewöhnlich viele trockene Jahre in Folge erlebt haben, könnten dies irrtümlicherweise für ein neues Klimaregime halten und in unnötige Strategien wie erhöhte Wasserspeicherung investieren, anstatt etwas für den Hochwasserschutz zu tun, der langfristig sehr wichtig sein wird. Anpassungen an Tendenzen, die sich langsam in einem unklaren Kontext entwickeln, werden sich wahrscheinlich um Jahrzehnte verzögern, während Bauern und andere Gruppen herauszufinden versuchen, ob es sich um »echten« Klimawandel oder um zufällige Schwankungen handelt.

Eine andere Form der geplanten – antizipatorischen oder proaktiven – Anpassung verspricht effektivere Verbesserungen. Antizipatorische Anpassung könnte etwa darin bestehen, die Bewässerung in der Landwirtschaft zu modernisieren oder auszubauen, Nutzpflanzen zu züchten, die den veränderten Klimaverhältnissen besser angepaßt sind, Dämme zu errichten, um die küstennahe Infrastruktur zu schützen, und Reservoirs zu bauen oder Grauwasser wiederaufzubereiten, um das Wassermanagement durch die Rückgewinnung des Abwassers der Haushalte zu verbessern.

Ein US-amerikanischer Bundesstaat, der von einer antizipatorischen Anpassung profitieren könnte, ist Kalifornien. In diesem Staat mit seinem mediterranen Klima mit feuchten Wintern und trockenen Sommern ist die Wasserversorgung der Landwirtschaft und der Städte stark von der schmelzenden Schneedecke der Sierras abhängig. Durch die Erwärmung wird sich die Schneedecke voraussichtlich beträchtlich verringern – da mehr Niederschläge als Regen anstatt als Schnee fallen –, und die Schneedecke wird früher schmelzen. Angesichts dieses Szenarios werden viele der oben erwähnten Maßnahmen in Betracht gezogen. Der Staat könnte auch regulierend eingreifen: Naturschutzgebiete miteinander verbinden, um Wanderungskorridore zu schaffen, Netzwerke aufbauen, um Informationen über Klimaveränderungen und potentielle Anpassungsmaßnahmen zu verbreiten, versicherungstechnische Mechanismen schaffen oder Fonds (mit)finanzieren, um benachteiligten und gefährdeten Gruppen, die sich nicht aus eigener Kraft anpassen können, unter die Arme zu greifen.

Eine wirksame kurzfristige Strategie wird darin bestehen, Maßnahmen auf den Weg zu bringen, die nicht nur unmittelbare Bedrohungen beseitigen, sondern auch die Fähigkeit verbessern, mit natürlichen Klimaschwankungen umzugehen. Uns ist am besten damit gedient, daß wir mit stärkeren und/oder häufigeren extremen Wetterereignissen rechnen, als es sie bisher in der Geschichte gab. Ein solcher Ansatz würde eine gewisse Widerstandsfähigkeit aufbauen, während die Forschung weiterhin das Ausmaß und die einzelnen Aspekte des zukünftigen Klimawandels beleuchtet.

Die Vermeidung schwerwiegender Auswirkungen macht auch eine langfristige Planung erforderlich wie etwa Investitionen in eine nachhaltige Infrastruktur in Küstengebieten oder den Schutz der Lebensräume bedrohter oder gefährdeter Arten. In diesen Fällen ist es von entscheidender Bedeutung, daß wir uns Gedanken über alle Klimaprognosen für das nächste Jahrhundert machen. Und da die Zeitleiste länger wird, wird die politische Koordination sehr wichtig. Politiker müssen darüber nachdenken, wie Anpassungsmaßnahmen zusammenwirken werden, und zwar sowohl miteinander als auch mit Verminderungsversuchen. Manche Anpassungsoptionen wie beispielsweise das Wiederauffüllen von Grundwasserreservoirs zur Erhöhung der Wasservorräte können energieintensiv sein und zu einem Anstieg der Treibhausgasemissionen führen, wenn die dazu notwendige Energie aus fossilen Brennstoffen gewonnen wird.

Antizipatorische Anpassung stellt eine Investition dar, und die meisten Untersuchungen gehen davon aus, daß Länder und Gruppen sich diese Investition auch leisten können. Leider trifft das nicht generell zu, insbesondere nicht für die Länder, in denen die Entwicklung höchste Priorität hat. Aus diesem Grund wurden mehrere Fonds eingerichtet, die den Entwicklungsländern helfen sollen, Anpassungsmaßnahmen durchzuführen. Die bekanntesten sind der Marrakesch-Fonds (der 2001 auf der UN-Konferenz über den Klimawandel in Marrakesch geschaffen wurde) und das Climate Change Programme der Globalen Umweltfazilität (englisch Global Environment Facility oder kurz GEF, eine 1991 gegründete Institution zur Finanzierung von Umweltschutzprojekten; Anm. d. Ü.), das von Geberländern in der ganzen Welt finanziert wird.

Doch während diese Fonds an sich vielversprechend sind, fehlt es an Richtlinien, die festlegen, welche Anpassungsprojekte als unterstützungswürdig gelten können. Der GEF verlangt, daß derartige Projekte »globale Vorteile für den Umweltschutz« bringen, und der Marrakesch-Fonds möchte Mittel für die Anpassung an den langfristigen Klimawandel und nicht an kurzfristige Klimaschwankungen bereitstellen. Es ist jedoch schwierig, Anpassungsprojekte auf dieser Basis zu bewerten, da sie lokalen Charakter haben (und daher eher lokale als globale Vorteile bringen) und wahrscheinlich die Fähigkeit eines Gebietes verbessern, sich sowohl an den Klimawandel als auch an Klimaschwankungen anzupassen. Überdies sind die finanziellen Mittel nicht ausreichend. Das Abkommen von Kopenhagen versuchte, dies zu korrigieren. Es sieht vor, »daß die entwickelten Länder angemessene, planbare und nachhaltige finanzielle Mittel und Technologie für den Aufbau von Kapazitäten zur Verfügung stellen«, um die Durchführung von Anpassungsmaßnahmen in den Entwicklungsländern zu unterstützen. Geplant war, in den nächsten drei Jahren etwa dreißig Milliarden Dollar und bis 2020 einhundert Milliarden pro Jahr aufzubringen. Sollte dieser Plan umgesetzt werden, wäre dies ein Schritt in die richtige Richtung.

Geplante und spontane Anpassungen haben ihre Grenzen, weswegen wir die Notwendigkeit betont haben, Adaptation und Mitigation zeitgleich in Angriff zu nehmen. Die Sensitivität für sich wandelnde Klimaverhältnisse ist vielleicht stärker ausgeprägt, als derzeit angenommen. Ohne eine beträchtliche Verminderung der Treibhausgasemissionen werden die Erwärmung und ihre gravierenden Auswirkungen wahrscheinlich die Fähigkeit von Anpassungsmaßnahmen überschreiten, die Probleme in vielen Bereichen und Regionen zu lösen.

Eine dritte, drastischere Form, auf den Klimawandel zu reagieren, stellt Geoengineering dar. Pläne zur Veränderung der Umweltsysteme selbst oder zur Steuerung des Klimas werden seit über fünfzig Jahren propagiert, um die Temperaturen in den polnahen Gebieten zu erhöhen, die Niederschlagsmengen zu vergrößern, das Meereis zu verringern, Bewässerungsmöglichkeiten zu schaffen oder einem potentiellen Klimawandel entgegenzuwirken, um nur einige der diskutierten Ziele zu nennen.

Um den Klimawandel zu stoppen, wurden verschiedene Vorschläge und Empfehlungen formuliert: Man könne Eisensulfat in die Ozeane einleiten, um das Algenwachstum anzuregen, Meersalzaerosole in die maritime Grenzschicht einbringen, Staubpartikel in der Stratosphäre verteilen oder Spiegel im Weltraum anbringen, die die Sonnenenergie reflektieren, und so die durch die erhöhten Treibhausgasmengen zurückgehaltene Wärme ausgleichen (zu den Wissenschaftlern, die solche Maßnahmen ins Spiel gebracht haben, zählt auch Paul J. Crutzen; Anm. d. Ü.). Außerdem wurden verschiedene Umsiedelungsstrategien erörtert, um das Aussterben von Arten zu verhindern, die nicht in der Lage sind, sich aus eigener Kraft an den Klimawandel anzupassen.

Diese Ansätze – Geoengineering und ein verwandtes Konzept, das man als Ökoengineering bezeichnen könnte – wollen den Auswirkungen einer Manipulation des Erdsystems im globalen Maßstab (Klimawandel) eine Manipulation der physikalischen oder biologischen Systeme im globalen Maßstab entgegensetzen. Daß derartige Manipulationen unbeabsichtigte Konsequenzen haben können, ist keine große Überraschung. So fällt es beispielsweise schwer, die Rettung einer Spezies durch ihre Umsiedelung in neue Gebiete zu rechtfertigen, wenn sie dadurch zu einem Eindringling in anderen Lebensräumen wird.

Die Befürworter des Geoengineering behaupten, ihre Methoden seien billiger und leichter durchzuführen als Verminderungsstrategien, die durch zaudernde Regierungen und das Fehlen internationaler Abkommen über langfristige Emissionsverringerungen gebremst würden. Die Skeptiker fragen jedoch, ob irgendein Geoengineering-Vorhaben wie geplant und ohne Nebenwirkungen funktionieren würde und ob die für solche Vorhaben notwendige internationale politische Stabilität und Zusammenarbeit überhaupt erreicht werden können. Zudem besteht die Gefahr, daß Geoengineering transnationale Konflikte auslöst; derartige Maßnahmen können schädliche Klimaereignisse verursachen – oder als deren Verursacher wahrgenommen werden – und dadurch politische Auseinandersetzungen hervorrufen.

Geoengineering stellt einen verzweifelten Versuch dar, die Auswirkungen des Klimawandels in den Griff zu bekommen. Solche Überlegungen sind zwar verständlich, es handelt sich dabei aber nicht unbedingt um die Maßnahmen, die wir in der heutigen Situation als erstes ergreifen sollten. Wenn es darum geht, die Risiken zu verringern, kann die harte Arbeit, die für eine deutliche Verminderung in Kombination mit einer antizipatorischen Anpassung erforderlich ist, durch nichts ersetzt werden.

Gerechte Lösungen

Auch wenn ein optimaler Mix aus Verminderung und Anpassung gelingt, können die Ergebnisse immer noch ungerecht sein. Die am meisten gefährdeten Gruppen sind häufig auch am stärksten marginalisiert und somit am wenigsten in der Lage, Entscheidungen zu beeinflussen. Daher bedient die Politik häufig mächtige Sonderinteressen – der Kohleindustrie; der Vereinigten Staaten, Chinas und anderer wohlhabender Länder – auf Kosten der Bedürftigen. Um bei der Entwicklung lokaler, nationaler und internationaler Klimapolitik die ohnehin bereits marginalisierten Gruppen nicht zu vernachlässigen, müssen politische Entscheidungsträger bedenken, welche Auswirkungen bestimmte Maßnahmen (und unterlassene Maßnahmen) auf die Verteilung des Wohlergehens der Menschen und die nachhaltige Entwicklung anderer Arten haben.

Unter dem Gesichtspunkt der Verteilungsgerechtigkeit sollte den benachteiligten Ländern und Gruppen Priorität eingeräumt werden. Ungerechte Auswirkungen können sich dabei sowohl aus den direkten Effekten des Klimawandels als auch aus den unterschiedlichen Auswirkungen der Klimapolitik auf die Armen ergeben. Eine gute Klimapolitik erfordert zum einen den Schutz der auf unserem Planeten vorhandenen Gemeingüter durch den richtigen Umgang mit Emissionen und Vulnerabilitäten und zum anderen eine faire Behandlung der Gruppen, die entweder durch klimatische oder durch klimapolitische Auswirkungen am stärksten benachteiligt werden. Die Hauptverursacher des Problems – im allgemeinen die reicheren Länder – könnten Zahlungen an diejenigen leisten, die weniger zu dem Problem beigetragen haben – im allgemeinen also an die ärmeren Länder –, und diese Zahlungen könnte man so gestalten, daß Gerechtigkeit und politische Zusammenarbeit gefördert werden.

Nach dem relativ substanzlosen Abkommen von Kopenhagen haben viele gemeint, die Konsensbildung im Rahmen der UN funktioniere zu schwerfällig, um Reduktionsziele für Treibhausgase festzulegen, die ambitioniert genug sind, um den Klimawandel zu verhindern. Diese Kreise möchten den UN-Prozeß durch direkte Vereinbarungen zwischen Hauptakteuren wie den USA, Indien, China, der Europäischen Union, Japan, Rußland, Mexiko und Brasilien ersetzen. In Kopenhagen handelte Präsident Obama genau solche Vereinbarungen mit China, Indien, Brasilien und Südafrika aus. Viele Länder schlossen sich widerstrebend oder sogar verärgert an, weil sie an den intensiven elfstündigen Verhandlungen nicht beteiligt waren.

Diese Nebenabkommen könnten den Kohlendioxidausstoß der Industriestaaten entscheidend verringern. Auf dem Weltwirtschaftsforum in Davos im Januar 2010 wurde wiederholt gefordert, den UN-Prozeß zugunsten von Abkommen innerhalb einer Koalition der Willigen – und dazu Befähigten – aufzugeben. Aber wenn diese Verhandlungen in kleiner Runde zur Norm werden, wer wird dann Anpassungsmaßnahmen und eine nachhaltige Entwicklung in den ärmsten Ländern unterstützen? Aus diesem Grund muß die UN der Hauptansprechpartner sein, wenn es um die Beschaffung von Geldern und deren Transfer in Länder geht, die keinen Zugang zu Vereinbarungen über Verminderungsmaßnahmen haben, die in kleiner Runde getroffen werden. Die Errichtung eines dualen Systems von Verhandlungen im Rahmen der UN und in kleineren Runden wird in den nächsten Jahren eine Herausforderung für die politisch Verantwortlichen weltweit darstellen.

V. Eine neue Methode zur Einschätzung der Vulnerabilität

In diesem letzten Kapitel legen wir den Schwerpunkt auf die Einschätzung der Vulnerabilität, die ein wichtiges Instrument für eine sachkundige Weiterentwicklung der Klimapolitik, insbesondere von Anpassungsstrategien darstellt.

Die Definition von Vulnerabilität umfaßt drei Elemente: Exposition, Sensitivität und Anpassungsfähigkeit. *Exposition* bezieht sich auf den Umfang, in dem ein System belastet ist, sowie auf die Art dieser Belastungen: die Häufigkeit und Intensität von Hitzewellen an einem gegebenen Ort und die Höhe des Meeresspiegels etwa. *Sensitivität* bezieht sich auf den Umfang, in dem ein System durch die Exposition beeinflußt oder verändert wird, wobei dieser Umfang nach Regionen, Bevölkerungsgruppen und Bereichen unterschiedlich ausfällt: Ältere Menschen und Personen, die nicht über Klimaanlagen verfügen, sind anfälliger für die negativen Auswirkungen von Hitzewellen; flache Küstengebiete sind durch den steigenden Meeresspiegel stärker gefährdet als höher gelegene. *Anpassungsfähigkeit* bezieht sich schließlich auf die Fähigkeit eines Systems, sich an Veränderungen anzupassen, womit gemeint ist, daß es sich selbst in die Lage versetzt, eine größere Zahl von Auswirkungen zu bewältigen oder seine Sensitivität für diese Veränderungen zu verringern oder beides.

Verminderung verringert die Vulnerabilität durch Verringerung der Exposition, während Anpassung die Vulnerabilität verringert, indem sie das Anpassungspotential in Anpassungsfähigkeit verwandelt und somit die Sensitivität verringert. Die Unterscheidung zwischen Anpassungspotential und Anpassungsfähigkeit ist sehr wichtig. Wir wissen heute, daß die Gefährdung von New Orleans durch einen Wirbelsturm der Kategorie III wesentlich höher war, als vor »Katrina« gemeinhin angenommen wurde (wenngleich eine kleine Zahl von Akademikern und Ingenieuren davor gewarnt und kein Gehör gefunden hatte). Das Anpassungspotential war recht hoch – in den Jahren zuvor hätten die Dämme verstärkt werden können –, aber da dieses Potential nicht genutzt wurde, war die Anpassungsfähigkeit gering. Die Anpassungsfähigkeit korreliert im allgemeinen mit dem Entwicklungsstand eines Landes. Aber Ereignisse wie »Katrina«, die überwiegend arme Bürger treffen, sowie die Hitzewelle 2003 in Europa, die überwiegend ältere Menschen in Mitleidenschaft zog, machen deutlich, daß selbst in hochentwickelten Ländern bestimmte Bevölkerungsgruppen und Regionen gefährdet sind.

Einschätzungen und Entscheidungsfindung besser verknüpfen

Die Einschätzung der Vulnerabilität angesichts des Klimawandels ist eine komplexe Aufgabe. Sie erfordert eine Analyse der früheren und gegenwärtigen Exposition und die Sensitivität für klimatische Bedingungen und deren Auswirkungen, Prognosen über zukünftige Auswirkungen vor dem Hintergrund alternativer sozioökonomischer Entwicklungspfade und eine Einschätzung der Fähigkeit verschiedener Anpassungsstrategien, Vulnerabilitäten zu verringern. Häufig fehlt es an genauen Kenntnissen über die betroffenen Bereiche, Gruppen und Managementsysteme; über die Wechselwirkungen zwischen nicht klimabedingten Belastungsfaktoren und Klimaveränderungen und über die Fähigkeit eines jeden Systems, auf sich verändernde Bedingungen zu reagieren. Unbedingt notwendig sind Untersuchungen, die Klimaprognosen und Vulnerabilitätsstudien miteinander verbinden, welche sich auf spezielle ökonomische Bereiche (Landwirtschaft, Dienstleistungen, produzierendes Gewerbe etc.), Regionen und Gruppen konzentrieren. Und diese Studien müssen in enger Zusammenarbeit mit den relevanten Akteuren erstellt werden.

Entscheidungsträger möchten verständliche Informationen über die mit dem Klimawandel verbundenen Risiken. Vor allem die Planer und Verantwortungsträger in verschiedenen Bereichen benötigen klimarelevante Informationen, auf die sich Entscheidungen bezüglich Anpassungsmaßnahmen stützen können und die klare Einschätzungen in bezug auf Unsicherheiten liefern. Im Idealfall werden derartige Kenntnisse durch die kontinuierliche Zusammenarbeit von Wissenschaftlern und regional und lokal tätigen Experten erarbeitet.

Diese Form des Zusammenwirkens ist unerläßlich, weil zusätzliche Kenntnisse über prognostizierte Klimaveränderungen und deren Auswirkungen allein noch nicht ausreichen, um an Entscheidungsprozessen an der Basis etwas zu ändern. Eine Studie, die untersucht hat, wie klimabewußt und wie gut auf den Klimawandel vorbereitet Politiker und andere Entscheidungsträger an der kalifornischen Küste sind, ergab, daß die wenigsten von ihnen Daten über Wetter, Klima oder den Anstieg des Meeresspiegels in ihre Überlegungen einbeziehen und daß sie zwar mehr Informationen über klimabedingte Risiken haben möchten, aber nur in einer Form, die sich »nahtlos« in bestehende Verfahrensweisen einfügen läßt.

Empfehlungen für Anpassungsmaßnahmen auf wissenschaftlicher Basis bestehen diesen Test häufig nicht. Eine 2009 erstellte Studie zur wissenschaftlichen Literatur über die Erhaltung der Biodiversität stellte fest, daß zwar mehrere hundert Aufrufe zur Anpassung von Erhaltungsmaßnahmen vorlagen, um den Klimawandel zu bewältigen, daß aber nur wenige Empfehlungen genügend spezifische Angaben enthielten, um aktuelle operative Entscheidungen zu beeinflussen.

Entscheidungsträger brauchen konkrete Strategien und Fallstudien, die deutlich machen, wie und wo man Forschungsaufgaben, Programme zum Erhalt bedrohter Arten und institutionelle Praktiken miteinander verknüpfen kann. Wenn das Ziel darin besteht, wissenschaftliche Analysen in politisches Handeln umzusetzen, müssen lokal und regional tätige Experten und Wissenschaftler in allen Phasen dieses Prozesses zusammenwirken: bei der Problemerfassung, der Konzipierung von Plänen zur Anpassung und Verminderung sowie bei ihrer Implementierung.

Eine bessere Methode: Die Bottom-up-/Top-down-Einschätzung der Vulnerabilität

Bislang erfolgen die meisten Einschätzungen der Auswirkungen des Klimawandels *top-down*. Sie sind das Ergebnis globaler Klimamodelle mit all ihren Unsicherheiten. Modellprognosen basieren auf der ganzen Bandbreite in bezug auf die Menge an Treibhausgasemissionen, die sich aus den unterschiedlichen Zukunftsszenarien ergibt. Diese wiederum berücksichtigen jedoch häufig nicht die mit dem jeweiligen Szenario verbundenen sozioökonomischen Trends und die potentiellen Auswirkungen dieser Trends auf die Vulnerabilität. Der Zusammenhang zwischen Vulnerabilität und Entwicklung wird vom IPCC und anderen Einrichtungen durchaus anerkannt, aber ansonsten ist die Literatur zu dieser Problematik eher dürftig.

Eine Anpassung an den Klimawandel kann gelingen, wenn die *Top-down-* und die *Bottom-up-*Einschätzungen zusammengeführt werden. Wissenschaftliche Prognosen sind dann am nützlichsten, wenn jene genauen Kenntnisse über bestehende Vulnerabilitäten in sie einfließen, über die lokal und regional tätige Experten verfügen. Einschätzungen, die auf biophysikalischer (*top-down*) und auf sozialer (*bottom-up*) Vulnerabilität basieren, liefern zusätzliche Informationen, und eine umfassende Einschätzung der Gefährdung durch einen schnellen Klimawandel ist nur dann möglich, wenn beide Schritte integriert werden. Detaillierte *Bottom-up*-Studien geben Aufschluss über die strukturellen, institutionellen, psychologischen, finanziellen, rechtlichen und kulturellen Rahmenbedingungen der betroffenen Bereiche, Gruppen und Leitungssysteme. Sie können uns viele Erkenntnisse über unsere Fähigkeit vermitteln, sowohl den Klimawandel als auch jene nicht klimabedingten Belastungsfaktoren zu bewältigen, die seine Auswirkungen verschlimmern könnten.

Folglich stehen wir vor der Aufgabe, integrative Methoden zu entwickeln und die daraus gewonnenen Erkenntnisse den Entscheidungsträgern zur Verfügung zu stellen. Auch diese Aufgabe kann nur durch eine direkte Partnerschaft zwischen lokal und regional tätigen Experten und Wissenschaftlern erfüllt werden – zwischen Sozialwissenschaftlern, die Vulnerabilitäten einschätzen, und Klimawissenschaftlern, die klar sagen, was sie wissen und was sie nicht wissen und wie ihre Kenntnisse praktisch genutzt werden können.

Wir nennen diesen Ansatz – das Zusammenwirken von Wissenschaftlern und Experten, die Informationen über betroffene Regionen, Bereiche oder Bevölkerungsgruppen liefern – *Bottom-up-/Top-down-Einschätzung der Vulnerabilität*. Sie erfordert mindestens drei Schritte:

Erstens die Einschätzung früherer und gegenwärtiger Exposition und Sensitivität für eine große Bandbreite von Klimaverhältnissen und die daraus resultierenden Auswirkungen, und zwar sowohl der erlebten (z. B. durch die Beschädigung von Eigentum oder Verluste an Menschenleben) als auch der subjektiv gefühlten (z. B. ein geschärftes Bewußtsein für Gefahren, einen Vertrauensverlust in der Öffentlichkeit). *Zweitens* die Einschätzung der vorhandenen Anpassungsfähigkeit, der Entscheidungsprozesse (z. B. zu der Frage, wie schnell und wie stark sich Politik und menschliche Verhaltensweisen ganz allgemein verändern lassen) sowie der Kommunikationsinfrastruktur. Diese Schritte machen es möglich, jene Grenzen der Exposition aufzuzeigen, ab denen Anpassungsmaßnahmen ein bestimmtes System vor eine große Herausforderung stellen. Auf diese Weise würden entsprechende Studien eine Grundlage für die Bestimmung gegenwärtiger und zukünftiger durch Klimaeinwirkung bedingter Vulnerabilitätsgrenzen schaffen. *Drittens* die Zusammenführung dieser lokalen *Bottom-up*-Einschätzungen zur Vulnerabilität und der *Top-down*-Prognosen über den Klimawandel und die sozioökonomische Entwicklung. So kann untersucht werden, wie wahrscheinlich die Überschreitung der Vulnerabilitätsgrenzen ist, die in der *Bottom-up*-Analyse als eine Funktion der *Top-down*-Szenarien ausgemacht wurden. Prognosen, die Unsicherheiten bezüglich des zukünftigen Klimawandels widerspiegeln (wie hohe, mittlere oder niedrige Emissionswerte) können dazu dienen, die Wahrscheinlichkeit der Überschreitung dieser Expositionsgrenzen zu berechnen. Anhand von Entwicklungspfaden (die mit unterschiedlicher gesellschaftlicher Anpassungsfähigkeit und Vulnerabilität verbunden sind) läßt sich herausfinden, wie sich Exposition und Sensitivität im Laufe der Zeit verändern können und wie sich durch Klimaeinwirkung bedingte Vulnerabilitätsgrenzen in Zukunft möglicherweise verändern.

Eine *Bottom-up-/Top-down*-Einschätzung der Vulnerabilität liefert eine transparentere Grundlage zur Bewältigung der mit dem Klimawandel verbundenen Herausforderungen. Außerdem versetzt sie Verantwortungsträger in die Lage, Anpassungsstrategien zu konzipieren, die eng auf die Vulnerabilität bestimmter Gruppen – beispielsweise indigener Völker in der Arktis oder von Bäuerinnen in Entwicklungsländern – und natürlicher Systeme abgestimmt sind.

Unser Ansatz ist nicht perfekt. Da er auf dem Vergleich potentieller Szenarien basiert, die sich aus Erfahrungen in der Vergangenheit und Gegenwart ergeben, erfaßt er möglicherweise jene wichtigen Vulnerabilitätsgrenzen nicht, für die es in der Vergangenheit und Gegenwart keine Beispiele gibt. Das Klimasystem hat keine festen Konturen; die Klimaverhältnisse können sich schneller ändern als erwartet, und neue Kombinationen von Belastungsfaktoren können überraschende Ereignisse hervorbringen. Aber mit den durch überraschende Ereignisse gesetzten Grenzen setzen sich alle Ansätze in vergleichbarer Weise auseinander. Über die beschriebenen Anwendungsgebiete hinaus kann unsere Methode auch nützlich sein, wo es zum Beispiel darum geht, die Funktion von Anpassung und Verminderung zu bestimmen. Betrachten wir das folgende Szenario: Überall auf der Welt schätzen Experten auf regionaler Ebene die Stabilität und Vulnerabilität lokaler Systeme ein, um herauszufinden, wo die Grenzen der Anpassung liegen. Wissenschaftler tragen ihre Erkenntnisse zusammen und stellen fest, daß die von ihnen aufgezeigten Grenzen bei einem bestimmten Temperaturanstieg erreicht werden. Diese Daten, die im Hinblick auf Anpassungsprogramme gesammelt werden, sind zudem wichtig für die Debatte über die Vermeidung »gefährlicher« Klimaveränderungen. Daher betonen wir auch, daß die Einschätzung von Anpassungsmöglichkeiten eine Ergänzung zur Verminderungsplanung darstellt und nicht mit ihr konfligiert.

Angesichts der Unsicherheiten in den Klimawissenschaften und bezüglich der Einschätzungen von Klimaeffekten sind wir der Auffassung, daß wir den menschlichen Beitrag zur Konzentration von Treibhausgasen in der Atmosphäre erheblich verringern müssen. Dadurch gewinnen wir Zeit, um die Klimarisiken richtig zu verstehen und kostengünstigere Verminderungsoptionen zu entwickeln; zudem sinkt die Wahrscheinlichkeit des Eintretens überraschender Klimaereignisse. Eine Politik, die die Verringerung von Treibhausgasen zum Ziel hat, wird Anreize für die Erfindung sauberer und billigerer Technologien setzen, und die entwickelten Länder sollten diese Bemühungen energisch vorantreiben, da sie in der Vergangenheit wesentlich zu dem Problem beigetragen haben und über größere Ressourcen verfügen.

Gleichzeitig sollte den Bedürfnissen der Entwicklungsländer und marginalisierter Gruppen durch koordinierte Anpassungs- und Verminderungsmaßnahmen Rechnung getragen werden. Die reichen Länder sollten diese Last schultern, wie es z. B. die *United Nations Framework Convention on Climate Change* fordert. Wenn die Entwicklungsländer sagen, sie würden sich an Verminderungsbemühungen erst dann beteiligen, wenn sie den gleichen Pro-Kopf-Ausstoß von Emissionen erreicht haben, und wenn einige entwickelte Länder erklären, daß sie die Energieerzeugung auf Basis fossiler Brennstoffe, auf die sich ihr Wirtschaftswachstum stützt, nicht aufgeben werden, sind wir mit einer realen Bedrohung von potentiell katastrophalem Ausmaß konfrontiert.

Wir brauchen internationale Verhandlungen und Abkommen, um den Entwicklungsländern zu helfen, jene traditionellen Technologien zu überspringen, auf welche die derzeit stark wachsenden Volkswirtschaften setzen – also z. B. den massiven

Einsatz von Kohle und die rasante Zunahme von Privatautos. Funktioniert die Zusammenarbeit und ist der politische Wille vorhanden, können emissionsarme Technologien wie Elektrofahrzeuge und alternative Energiequellen wesentlich schneller entwickelt werden.

Die Verlangsamung des Drucks auf das Klimasystem und die Berücksichtigung der Bedürfnisse marginalisierter Länder und Gruppen sind die wichtigsten »Versicherungspolicen«, die wir gegen potentiell gefährliche und irreversible Klimaereignisse und die mit ihnen einhergehenden Ungerechtigkeiten haben. Auch das weltweite Ringen um gerechte und wirksame Formen der Verminderung und Anpassung wird eine wesentliche Rolle spielen, wenn wir die schlimmsten Folgen des Klimawandels vermeiden wollen.

Danksagung

Jeder Text und jeder wissenschaftliche Beitrag basiert auf der Arbeit vieler Menschen, und dieser Aufsatz bildet dabei keine Ausnahme. Die Autoren danken dem Redaktionsteam der *Boston Review*, insbesondere Deborah Chasman und Simon Waxman. Ihre Hilfe war für uns von unschätzbarem Wert, und sie haben unsere mitunter weitschweifige Prosa ohne zu zögern gestrafft. Sie haben zur Fertigstellung dieses Textes, der zunächst in der *Boston Review* und später als selbständige Monographie erschien, entscheidende Beiträge geleistet. Wir sind auch unserer Lektorin und unserem Lektor bei MIT Press, Laura Callen und Clay Morgan, für ihre Bemühungen zu Dank verpflichtet.

In diesen Text sind auch unsere Forschungs- und sonstigen Aktivitäten eingeflossen, und unser herzlicher Dank gilt unseren Kollegen und Freunden, die frühere Fassungen kommentiert, uns Ratschläge erteilt und die uns zu dem hier vorgeschlagenen weiteren Blickwinkel ermutigt haben. Hier sind vor allem Patricia Mastrandrea, Terry Root und Nicole Heller zu nennen. Schließlich möchten wir unseren Familien für ihre unverzichtbare Unterstützung danken. Sie sind eine Quelle großen und anhaltenden Glücks: Annabelle Louie, David Mastrandrea, Patricia Mastrandrea, Terry Root, Adam Schneider, Becca Cherba und Nikolai Cherba.

Aus dem Englischen von Ilse Utz

Weiterführende Literatur

Wissenschaft und Politik

Intergovernmental Panel on Climate Change, *Climate Change 2007: Working Group I Contribution to the Fourth Assessment Report of the IPCC*, Cambridge University Press 2007: Die gründlichste und derzeit maßgebliche Quelle. In Band I, *The Physical Science Basis*, geht es um das wissenschaftliche Verständnis des Klimawandels in Vergangenheit, Gegenwart und Zukunft. Band II, I*mpacts, Adaptations, and Vulnerability*, behandelt regionale und sektorenspezifische Auswirkungen des Klimawandels sowie Fragen der Anpassung und Vulnerabilität. Der dritte Band, *Mitigation of Climate Change*, stellt sowohl allgemeine als auch sektorenspezifische Möglichkeiten und die entsprechenden Verminderungskosten dar; außerdem werden Verminderungsszenarien beschrieben.

Stephen H. Schneider/Armin Rosencranz/Michael D. Mastrandrea/Kristin Kuntz-Duriseti (Hg.), *Climate Change Science and Policy*, Washington: Island Press 2009: Eine detaillierte und umfassende, dabei jedoch allgemein verständliche Darstellung der Erforschung und der Auswirkungen des Klimawandels und möglicher politischer Maßnahmen einschließlich einiger Optionen für die Wirtschaft sowie die Energiepolitik.

Brian Launder/J. Michael T. Thompson (Hg.), *Geo-Engineering Climate Change. Environmental Necessity or Pandora's Box?*, Cambridge University Press 2010: Guter Überblick über mögliche Vorteile und Risiken des Geoengineering.

Thomas R. Carl/Jerry M. Melillo/Thomas C. Peterson/Susan J. Hassol (Hg.), *Global Climate Change Impacts in the United States*, Cambridge University Press 2009: Umfassender, aber lesbarer Überblick über die möglichen Folgen des Klimawandels für die Vereinigten Staaten.

Kerry Emanuel, *What We Know About Climate Change*, Cambridge/Mass.: MIT Press 2007 (ebenfalls in der Reihe »Boston Review Books«): Überblick über die grundlegenden Forschungsarbeiten zum Klimawandel; Darstellung der Entwicklung, die zum derzeitigen Konsens geführt hat.

Öffentlichkeit und Geschichte

Spencer R. Weart, *Discovery of Global Warming*, Harvard University Press 2003: Geschichte der Klimawissenschaft und der Erforschung des Klimawandels.

W. Neil Adger/Jouni Paavola/Saleemul Hug/M. J. Mace (Hg.), *Fairness in Adaptation to Climate Change*, Cambridge/Mass.: MIT Press 2006. Herausragende, detaillierte Sammlung von Aufsätzen zu Gerechtigkeit und Anpassung an den Klimawandel.

Elizabeth Kolbert, *Field Notes from a Catastrophe: Man, Nature, and Climate Change*, New York: Bloomsbury 2006; deutsch: *Vor uns die Sintflut: Depeschen von der Klimafront*, aus dem Englischen von Thorsten Schmidt, Berliner Taschenbuch-Verlag: Berlin 2007: Ein Klassiker, der die weltweiten Folgen des Klimawandels darstellt.

Stephen C. Schneider, *Science as a Contact Sport. Inside the Battle to Save Earth's Climate*, Washington: National Geographic 2009: Ein Bericht von der »Front« der wissenschaftlichen und öffentlichen Debatten über das Verständnis des Klimawandels und den Umgang damit.

Mike Davis
Wer wird die Arche bauen?

Kennen Sie die berühmte Gerichtsszene aus Orson Welles' Klassiker *Die Lady von Shanghai*? Dieser Film Noir aus dem Jahr 1947 ist eine Allegorie auf proletarische Tugenden unter dem Joch einer dekadenten Oberschicht. Welles selbst spielt einen Matrosen namens Michael O'Hara, der sich auf ein Schäferstündchen mit der Femme Fatale Rita Hayworth einläßt, deren Ehemann, Arthur Bannister (gespielt von Everett Sloane), ihm daraufhin einen Mord anhängt. Bannister gilt als bester Strafverteidiger des Landes und bringt O'Hara dazu, sich von ihm verteidigen zu lassen. In Wahrheit will er aber nur sicherstellen, daß der Angeklagte verurteilt und hingerichtet wird. Höhepunkt des Verfahrens ist eine Szene, die der Staatsanwalt verächtlich als »erneuten Griff in die Bannister-Trickkiste« bezeichnet. Der Verteidiger Bannister ruft Bannister, den betrogenen Ehemann, in den Zeugenstand und befragt sich selbst in einem rasanten, schizoiden Schlagabtausch, der sehr zur Erheiterung der Geschworenen beiträgt. Ganz im Stil von *Die Lady aus Shanghai* habe ich diesen Essay als Diskussion mit mir selbst aufgebaut, als mentalen Wettstreit zwischen analytischer Verzweiflung und utopischem Möglichkeitssinn, als einen Konflikt, der aus meiner Sicht – und vermutlich auch objektiv betrachtet – nicht zu lösen ist.

Im ersten Abschnitt, »Pessimismus des Intellekts«, trage ich Argumente für den Standpunkt zusammen, daß wir die erste entscheidende Schlacht im Kampf gegen die Erderwärmung bereits verloren haben. Das Kyoto-Protokoll hat laut der etwas selbstgefälligen, aber leider allzu wahren Aussage eines seiner größten Gegner »keine meßbaren Ergebnisse« im Hinblick auf die klimatischen Veränderungen gebracht. Statt der beabsichtigten Verminderung der globalen CO_2-Emissionen kam es zu einem Anstieg in genau dieser Größenordnung.[1] Es ist zudem höchst unwahrscheinlich, daß wir die Treibhausgaswerte bis 2020 diesseits der berühmten »roten Linie« von 450 ppm stabilisieren können. In diesem Fall werden auch die größten Anstrengungen der nächsten Generation nicht ausreichen, um radikale Umwälzungen in den Bereichen Ökologie, Wasservorkommen und Landwirtschaft zu verhindern. Auf einer wärmeren Erde wird sozioökonomische Ungerechtigkeit meteorologische Ursachen haben, und die reichen Länder der nördlichen Hemisphäre, deren Kohlenstoffemissionen für die Zerstörung des klimatischen Gleichgewichts des Holozäns verantwortlich sind, werden sich kaum veranlaßt fühlen, die für eine Anpassung der Agrarsysteme nötigen Mittel mit jenen ärmeren, subtropischen Ländern zu teilen, die am stärksten unter Dürren und Überflutungen zu leiden haben.

Im zweiten Teil des Essays folgt mein eigener Gegenbeweis (»Optimismus der Vorstellungskraft«). Ich berufe mich auf das Paradoxon, daß die wichtigste Ursache der Erderwärmung – die Urbanisierung der Menschheit – möglicherweise eine grundlegende Lösung für das Überleben der Menschheit im 21. Jahrhundert beinhalten könnte. Wenn sich an der kläglichen Politik der Gegenwart nichts ändert, werden sich die derzeitigen Städte der Armut in Särge der Hoffnung verwandeln. Ein Grund mehr, damit zu beginnen, wie Noah zu denken. Da wir jedoch einen Großteil unseres einstigen Baumbestands bereits dem Fortschritt geopfert haben, wird die neue Arche zwangsläufig aus den Materialien gemacht sein müssen, die der Menschheit heute im Zeitalter der Aktivisten-Com-

1 So Patrick Michaels von der Denkfabrik Cato Institute in einem Beitrag in der *Washington Times* (12. Februar 2005).

munitys, Piratentechnologien, Raubkopien, Wissenschaftsrevolutionäre und vergessenen Utopien zur Verfügung stehen.

Pessimismus des Intellekts

Unsere Erde, die Erde, die in den letzten 12 000 Jahren unsere Heimat war, existiert nicht mehr, auch wenn bisher noch keine Zeitung in Nordamerika oder Europa ihren wissenschaftlichen Nachruf gedruckt hat. Das endgültige Urteil wurde von der stratigraphischen Kommission der Geological Society of London gefällt. Die 1807 gegründete Geological Society ist die älteste geowissenschaftliche Vereinigung der Welt. Ihre stratigraphische Kommission agiert quasi als Kardinalskollegium für Entscheidungen im Hinblick auf die geologische Zeitskala. Stratigraphen bringen die Geschichte unserer Erde, wie wir sie durch Analysen der unterschiedlichen Gesteinsschichten nachvollziehen können, in eine Abfolge von Äonen, Ären, Perioden und Epochen, deren Abfolgen durch Massensterben, Artbildungsprozesse und/oder plötzliche Veränderungen der Erdatmosphäre gekennzeichnet sind (die sogenannten *Golden Spikes*). In der Geologie, genau wie in der Biologie und Geschichte, ist die Periodisierung eine komplexe, kontroverse Kunst, und der erbittertste Streit unter britischen Wissenschaftlern (noch heute bekannt als die »Great Devonian Controversy«) wurde im 19. Jahrhundert über konkurrierende Interpretationen der Vorkommen walisischer Grauwacken und englischer Old-Red-Sandsteine ausgetragen. Die Geowissenschaft setzt folglich außerordentlich strenge Maßstäbe für die Anerkennung neuer geologischer Unterteilungen. Obwohl die Idee des »Anthropozäns« – definiert durch das Auftreten der urban-industriellen Gesellschaft als geologischer Faktor (vgl. dazu den Text von Paul J. Crutzen in diesem Band) –

bereits seit langem in der Literatur ihre Kreise zieht, haben die Stratigraphen ihre Berechtigung bisher niemals anerkannt.

Zumindest was die London Society angeht, hat sich diese Position nun geändert. Die Frage »Leben wir derzeit im Anthropozän?« wurde von den 21 Mitgliedern der Kommission einstimmig bejaht. 2008 lieferten sie in einem Bericht überzeugende Beweise für die Hypothese, das Holozän, dieser zwischeneiszeitliche Zeitraum mit ungewöhnlich stabilen Klimaverhältnissen, die die rasche Entwicklung landwirtschaftlicher und urbaner Zivilisationen ermöglichten, sei an sein Ende gelangt und die Erde sei in »einen stratigraphischen Abschnitt eingetreten«, »für den in den letzten Millionen Jahren keine Entsprechung zu finden ist«.[2] Neben dem Anstieg der Produktion von Treibhausgasen spielen für die Stratigraphen landschaftliche Veränderungen durch den Menschen, die »mittlerweile die Auswirkungen der natürlichen Sedimentproduktion [pro Jahr] um eine erhebliche Größenordnung übertreffen«, die verhängnisvolle Übersäuerung der Ozeane und die stetige Zerstörung von Biota eine Rolle.

Laut ihren Erläuterungen ist dieses neue Zeitalter sowohl durch die zunehmende Erwärmung (deren eheste Entsprechung wohl die als Paläozän/Eozän-Grenze bekannte Katastrophe vor 56 Millionen Jahren sein dürfte) als auch durch die für die Zukunft erwartete völlige Instabilität der Umgebungsbedingungen gekennzeichnet. Ganz nüchtern ausgedrückt, warnen sie davor, daß

> »die Kombination von Artensterben, globaler Artenwanderungen und der weitverbreiteten Verdrängung natürlicher Vegetation durch landwirtschaftliche Monokulturen ein

2 Jan Zalasiewicz et al., »Are we now living in the Anthropocene?«, in: *GSA Today* 18/2 (Februar 2008); online verfügbar unter {http://www.geosociety.org/gsatoday/archive/18/2/pdf/i1052-5173-18-2-4.pdf} (Stand April 2011).

unmißverständliches biostratigraphisches Signal unserer Zeit darstellt. Diese Auswirkungen sind bleibend, da die zukünftige Entwicklung auf den überlebenden (und häufig anthropogen verschobenen) Beständen aufbaut.«[3]

Mit anderen Worten: Die Evolution selbst wurde in eine neue Bahn gezwungen.

Spontane CO_2-Reduktion?

Die Anerkennung des Anthropozäns durch die Kommission fällt mit zunehmenden wissenschaftlichen Debatten über den 2007 vom Intergovernmental Panel on Climate Change veröffentlichten *Vierten Sachstandsbericht* zusammen (vgl. dazu den Text von Michael D. Mastrandrea und Stephen H. Schneider in diesem Band). Das IPCC ist damit betraut, die mögliche Reichweite von Klimaveränderungen zu analysieren und angemessene Zielwerte für die Verminderung von Emissionen festzulegen. Die wichtigsten Basisdaten umfassen Einschätzungen der »Klimasensitivität« angesichts steigender Treibhausgasemissionen sowie sozioökonomische Tableaus, die den Einsatz unterschiedlicher Energieformen und folglich unterschiedliche Emissionsentwicklungen für die Zukunft gegenüberstellen. Eine überwältigende Anzahl erfahrener Forscher, einschließlich wichtiger Mitglieder der IPCC-eigenen Arbeitsgruppen, hat jedoch kürzlich ihr Unbehagen bzw. ihre Ablehnung der Bewertungsmethoden zum Ausdruck gebracht, die dem *Vierten Sachstandsbericht* zugrunde liegen und die, so der Vorwurf zahlreicher Forscher, zu zu optimistischen geophysikalischen und sozialen Prognosen geführt haben.[4]

3 Ebd.

4 Tatsächlich haben drei führende Mitarbeiter der Arbeitsgruppe I den Vorwurf erhoben, in dem Bericht würden die mit dem Anstieg des Mee-

Der berühmteste Kritiker ist James Hansen vom Godard Laboratory der NASA. Dieser Paul Revere[5] der Erderwärmung, der den US-Kongreß 1988 in einer legendären Anhörung zum ersten Mal vor den Gefahren der Treibhausgase warnte, kehrte in diesem Jahr mit der beunruhigenden Nachricht nach Washington zurück, das IPCC habe, durch sein Versäumnis, entscheidende Rückkopplungen im Erdsystem zu parametrisieren, einen viel zu großen Spielraum für mögliche Kohlenstoffemissionen in der Zukunft gelassen. Im Gegensatz zu der vom IPCC empfohlenen Grenze von 450 ppm Kohlendioxid fand sein Forschungsteam überzeugende paläoklimatische Beweise dafür, daß der sichere Grenzwert bei höchstens 350 ppm liegt. Die »erstaunliche Konsequenz« dieser neuen Erkenntnisse über die Klimasensitivität besteht darin, daß »das so oft genannte Ziel, die Erderwärmung unter zwei Grad Celsius zu halten, statt zur Rettung unserer Erde zu einer globalen Katastrophe führen wird«.[6] Besonders beunruhigend ist der Gedanke, daß wir, da der derzeitige Wert bei rund 385 ppm liegt, den berühmten »Tipping Point« bereits überschritten haben könnten. Hansen hat daher eine wahre Armada idealistischer Wissenschaftler und Umweltaktivisten zusammengetrommelt, um unsere Erde mit Hilfe einer Umweltsteuer zu retten. Diese könnte die Treibhausgaskonzentrationen bis 2015 auf den Stand der Vor-Bush-Ära zurückführen.

resspiegels verbundenen Risiken absichtlich heruntergespielt, außerdem hätte man neuere Forschungsergebnisse zur Instabilität des grönländische sowie des westantarktischen Eisschilds ignoriert (vgl. dazu die Debatte in: *Science* 319 [Januar 2008], insbesondere S. 409 f.).

5 Der Silberschmied Paul Revere (1735-1818) war ein amerikanischer Freiheitskämpfer (Anm. d. Ü.).

6 James Hansen, »Global warming twenty years later: Tipping point near«, Aussage in einer Anhörung des US-Kongresses (23. Juni 2008); online verfügbar unter {http://www.columbia.edu/~jeh1/2008/TwentyYearsLater_20080623.pdf} (Stand April 2011).

Ich bin in Klimafragen kein wissenschaftlicher Experte und insofern nicht qualifiziert, mich zu der von Hansen angestoßenen Debatte zu äußern oder darüber zu mutmaßen, welche Einstellung des planetaren Thermostats die Erde retten könnte. Hingegen bin ich der festen Überzeugung, daß jeder, der sich mit Sozialwissenschaften beschäftigt oder einfach aufmerksam die aktuellen Makrotrends verfolgt, sich selbstbewußt in die Diskussion über den zweiten, sehr kontroversen Eckstein des *Vierten Sachstandsberichts* einschalten sollte: die darin enthaltenen sozioökonomischen Prognosen und das, was wir das »politische Unterbewußtsein« nennen wollen. Die aktuellen Szenarien wurden vom IPCC im Jahr 2000 erarbeitet und sollen zukünftige weltweite Emissionswerte auf der Grundlage verschiedener »Storylines« im Hinblick auf Bevölkerungswachstum sowie technologische und wirtschaftliche Entwicklungen simulieren. Die Hauptszenarien, die A1-Familie, die B2-Familie usw., sind politischen Entscheidungsträgern und Umweltaktivisten bekannt, von den Wissenschaftlern einmal abgesehen, haben jedoch die Wenigsten auch wirklich das Kleingedruckte des Berichts gelesen, insbesondere die kühne Annahme des IPCC, höhere Energieeffizienz werde ein »automatisches Nebenprodukt« des weiteren wirtschaftlichen Wachstums sein. So gehen alle Szenarien, selbst die Varianten, in denen »alles bleibt, wie gehabt«, davon aus, daß fast sechzig Prozent einer zukünftigen Reduktion von Kohlenstoffemissionen unabhängig von expliziten politischen Maßnahmen zur Verringerung der Treibhausgase erreicht werden können.[7]

Das Panel setzt also alles, einschließlich unseres Planeten,

7 Vgl. Scientific Committee on Problems of the Environment (SCOPE), *The Global Carbon Cycle*, Washington DC: Island Press 2004, S. 77-82; IPCC, *Climate Change 2007: Mitigation of Climate Change: Contribution of Working Group III to the Fourth Assessment Report*, Cambridge University Press 2008, S. 172 und S. 218-224.

auf eine Karte und hofft auf eine marktgesteuerte Entwicklung in Richtung einer Post-CO_2-Weltwirtschaft: ein Prozeß, der nicht nur internationale Emissionslimits und CO_2-Handel erfordert, sondern auch die Selbstverpflichtung der Unternehmen zum Einsatz von Technologien voraussetzt, für die es derzeit kaum Prototypen gibt, wie z. B. CO_2-Abscheidung, Wasserstoffsysteme und andere alternative Antriebssysteme oder Biotreibstoffe auf Zellulosebasis. Kritiker haben längst darauf hingewiesen, in vielen IPPC-Szenarien kämen emissionsfreie Energieversorgungssysteme in einem Ausmaß zum Einsatz, »der das Volumen der globalen Energiewirtschaft im Jahr 1990» übersteige.[8]

Übereinkommen vom Typ Kyoto und die Märkte für Emissionen sollen, in Analogie zur keynesianischen »Ankurbelung der Wirtschaft«, die Lücke zwischen der spontanen CO_2-Verminderung und den in den einzelnen Szenarien vorausgesetzten Emissionszielen füllen. Auch wenn das IPCC dies nicht ausdrücklich formuliert, geht es in seinen Reduktionszielen doch notwendigerweise davon aus, daß die Einnahmen, die durch höhere Preise für fossile Brennstoffe erzielt werden, innerhalb der nächsten Generation effizient in Technologien zur Förderung erneuerbarer Energie investiert und nicht für riesige Wolkenkratzer, Spekulationsblasen und Megaausschüttungen an Aktionäre verschwendet werden. Laut Schätzungen der Internationalen Energieagentur wird es insgesamt rund 45 Billionen US-Dollar kosten, den Ausstoß von Treibhausgasen bis 2050 zu halbieren.[9] Ohne den wichtigen Anteil des »automatischen« Fortschritts im Bereich Energieeffizienz wird dies

8 SCOPE 2004, S. 82.

9 International Energy Agency, *Energy Technology Perspectives. In Support of the G8 Plan of Action. Executive Summary*, Paris: OECD 2008, S. 3.

jedoch niemals möglich sein, was die Ziele des IPPC in unerreichbare Ferne rückt. Im schlimmsten Fall (der einfachen Hochrechnung auf der Grundlage der aktuellen Energienutzung) könnten sich die CO_2-Emissionen bis Mitte des Jahrhunderts leicht verdreifachen.

In einer der letzten Ausgaben von *Nature* wiesen Kritiker auf die kümmerlichen Fortschritte des letzten (man kann schon sagen »verlorenen«) Jahrzehnts hin, um deutlich zu machen, daß die Grundannahmen des IPPC in bezug auf Märkte und Technologien wenig mehr als kühnes Wunschdenken sind. In Europa kam es trotz der Einführung des hoch gelobten Emissionsrechtehandels zu einem (in einigen Sektoren dramatischen) Anstieg der CO_2-Emissionen. Auch gab es in den letzten Jahren nur wenig Hinweise auf einen automatischen Fortschritt im Bereich Energieeffizienz, der aber für die IPCC-Szenarien eine unabdingbare Voraussetzung darstellt. Ein Großteil dessen, was die Szenarien als Effizienzgewinn durch neue Technologien darstellen, ist in Wahrheit nur das Ergebnis des Niedergangs der Schwerindustrie in den Vereinigten Staaten, in Europa und in den ehemaligen Ostblockstaaten. Natürlich wird durch die Verlagerung energieintensiver Produktionsprozesse nach Ostasien die CO_2-Bilanz einiger OECD-Länder aufpoliert, doch sollten wir Deindustrialisierung nicht mit einer spontanen CO_2-Reduktion verwechseln. Die meisten Wissenschaftler sind der Ansicht, daß die Energieintensität seit dem Jahr 2000 eher gestiegen ist, d.h., die CO_2-Emissionen sind weltweit ebenso stark angestiegen wie die Energienutzung, wenn nicht sogar leicht stärker.

Die Rückkehr von König Kohle

Zudem ist das Kohlenstoff-Budget des IPCC bereits überschritten. Laut dem Global Carbon Project, das über die Entwicklungen in diesem Bereich Buch führt, sind die Emissionen schneller gewachsen, als selbst in den pessimistischsten Szenarien des IPCC angenommen. Zwischen 2000 und 2007 stieg der Ausstoß von Kohlendioxid jährlich um 3,5 Prozent, die Prognosen des IPCC gingen dagegen nur von 2,7 Prozent aus. Während der neunziger Jahre lag dieser Zuwachs noch bei 0,9 Prozent.[10] Mit anderen Worten: Wir bewegen uns bereits jetzt nicht mehr im Rahmen der IPCC-Grenzen, und für diesen unvorhergesehenen Anstieg der Treibhausgasemissionen könnte zu großen Teilen die Kohlenutzung verantwortlich sein. Die Kohleproduktion hat im letzten Jahrzehnt eine tragische Renaissance erlebt, so daß der Albtraum des 19. Jahrhunderts jetzt auch das 21. Jahrhundert heimsucht. In China schuften fünf Millionen Bergleute unter lebensgefährlichen Bedingungen, um den umweltfeindlichen Rohstoff zu gewinnen, der es Peking ermöglicht, im Schnitt jede Woche ein neues Kohlekraftwerk in Betrieb zu nehmen. Doch die Kohle boomt auch in Europa (für die nächsten fünf Jahre sind fünfzig neue Kohlekraftwerke geplant) und Nordamerika (wo nicht weniger als 200 neue Kraftwerke in Planung sind).[11] Ein tragisches Beispiel ist ein geplantes Mega-Kraftwerk in West Virginia mit einem CO_2-Ausstoß, der den Abgasen von einer Million Autos entspricht.

Im Rahmen einer beeindruckenden Studie über die Zukunft der Kohle, die 2007 veröffentlicht wurde, kamen Inge-

10 Joseph Canadell et al., »Contributions to accelerating atmospheric CO_2 growth from economic activity, carbon intensity, and efficieny of natural sinks«, in: *Proceedings of the National Academy of Sciences of the United States of America 104* (20. November 2007), S. 18 866-18 870, online verfügbar unter: {http://www.pnas.org/content/104/47/18866.full.pdf+html} (Stand April 2011).
11 Elisabeth Rosenthal, »Europe turns back to coal. Raising climate fears«, in: *New York Times* (23. April 2008).

nieure des MIT zu dem Schluß, die Nutzung von Kohle werde im Rahmen jedes denkbaren Szenariums zunehmen, selbst angesichts hoher Steuern auf CO_2-Emissionen. Investitionen in die Technologie der CO_2-Abscheidung und -Speicherung (CCS, Carbon Capture and Sequestration) seien überdies »völlig unzureichend«, so daß CCS, immer vorausgesetzt, diese Technologie ist in der Praxis umsetzbar, wohl frühestens ab 2030 eine sinnvolle Alternative für die allgemeine Energieversorgung darstellt. In den Vereinigten Staaten hat die »Umweltgesetzgebung« in den späten Jahren der Bush-Regierung nur einen »perversen Anreiz« für die Energieversorger geschaffen, weitere Kohlekraftwerke zu bauen, in der »Annahme, die Emissionen dieser Kraftwerke würden von zukünftigen CO_2-Bestimmungen ›ausgenommen‹ und ihnen würden freie CO_2-Kontingente zugesprochen«.[12] Inzwischen hat ein Konsortium von Kohleproduzenten, Kohlekraftwerken und Eisenbahnbetreibern, die sich selbst »American Coalition for Clean Coal Electricity« nennen, im Wahlzyklus 2008 vierzig Millionen US-Dollar ausgegeben, um sicherzustellen, daß beide Präsidentschaftskandidaten sich einmütig über die Vorzüge des zwar umweltfeindlichsten, aber günstigsten Brennstoffs auslassen.

Vor allem auf Grund der scheinbar unverwüstlichen Popularität der Kohle, eines fossilen Brennstoffs, der nachweislich noch Vorräte für die nächsten 200 Jahre liefert, wird der »Kohlenstoffgehalt pro Energieeinheit in Zukunft wahrscheinlich noch ansteigen«.[13] Bevor die US-Wirtschaft zusammenbrach, hatte das amerikanische Energieministerium im Verlauf der

12 Stephen Ansolabehere et al., *The Future of Coal*, Cambridge (MA), MIT Press 2007, S. xiv.
13 PEW Center on Global Climate Change, zitiert in: Matthew Wald, »Coal, a tough habit to kick«, in: *New York Times* (25. September 2008).

nächsten Generation tatsächlich einen Anstieg der nationalen Energieproduktion um mindestens zwanzig Prozent prognostiziert. Global gesehen, soll Schätzungen zufolge der Gesamtverbrauch fossiler Brennstoffe um 55 Prozent ansteigen. Dabei sollen sich die internationalen Ölexporte volumenmäßig verdoppeln. Das Entwicklungsprogramm der Vereinten Nationen, das eine eigene Studie über die Zielsetzungen für nachhaltige Energien durchgeführt hat, weist darauf hin, bis 2050 bedürfe es »einer weltweiten Verminderung der Treibhausgasemissionen um fünfzig Prozent im Vergleich zum Stand von 1990«, um die Menschheit aus der Gefahrenzone einer außer Kontrolle geratenden Erwärmung (die in der Regel als Temperaturanstieg um mehr als zwei Grad innerhalb dieses Jahrhunderts definiert wird) zu retten.[14] Statt dessen werden die Emissionen jedoch laut einer Prognose der Internationalen Energieagentur (IEA) aller Wahrscheinlichkeit nach während des nächsten halben Jahrhunderts um fast einhundert Prozent ansteigen. Damit hätten wir genügend Treibhausgase produziert, um auf einen Schlag gleich mehrere der kritischen Tipping Points zu passieren. Die IEA geht außerdem davon aus, daß erneuerbare Energien, die Wasserkraft ausgenommen, 2030 lediglich vier Prozent der benötigten Elektrizität liefern werden – im Moment ist es noch ein Prozent.[15]

14 United Nations Development Programme, *Human Development Report 2007/2008: Fighting Climate Change. Human Solidarity in a Divided World*, New York: Palgrave Macmillan, S. 9; online verfügbar unter: {http://hdr.undp.org/en/media/HDR_20072008_EN_Complete.pdf} (Stand April 2011).
15 So ein Bericht der IEA, der am 7. November 2008 im *Wall Street Journal* zitiert wurde.

Die Weltwirtschaftskrise der Jahre 2007 ff., ein nicht vorhersehbares Ereignis, das die IPCC-Szenaristen in ihren Modellen nicht berücksichtigen, könnte einen kurzzeitigen Aufschub bringen, besonders da die vorübergehend gesunkenen Ölpreise eine Öffnung der Büchse der Pandora in Form einer Nutzung neuer Mega-Kohlenstoffreserven wie Ölsand und -schiefer bisher verzögern. Dieser Rückgang kann jedoch kaum die Zerstörung des Regenwalds im Amazonas-Gebiet aufhalten, da die brasilianischen Bauern bemüht sein werden, ihre Bruttoeinkünfte durch eine Steigerung der Produktion zu verteidigen. Da zudem beim Strombedarf weniger Spielraum vorhanden ist als bei der Nutzung von Autos, wird der Anteil von Kohle am CO_2-Ausstoß auch weiterhin steigen. Außerdem ist die Kohleproduktion in den Vereinigten Staaten derzeit die einzige zivile Industrie bzw. der einzige Wirtschaftssektor, der eher einstellt, als Arbeiter zu entlassen. Was noch gravierender ist: Die fallenden Preise für fossile Brennstoffe und die gelähmten Kreditmärkte nahmen den Unternehmen zunächst jeden Anreiz, in kapitalintensive Wind- und Solaralternativen zu investieren. An der Wall Street sind die Aktien im Bereich Ökoenergie während der Krise schneller gefallen als der Markt insgesamt, und das Investitionskapital hat sich buchstäblich in Luft aufgelöst, so daß einigen der gefeiertsten Start-ups im Bereich Saubere Energien wie Tesla Motors und Clear Skies Solar vorübergehend der plötzliche Kindstod drohte.

Da lieferte also die Wirtschaftskrise dem Bräutigam wieder einmal einen perfekten Vorwand, um die Braut am Altar stehenzulassen, oder wie sonst ließe sich erklären, daß einige der größten Unternehmen plötzlich nicht mehr zu ihren öffentlichen Bekenntnissen zu erneuerbaren Energien standen. In den Vereinigten Staaten hat der texanische Milliardär T.

Boone Pickens angekündigt, der zunächst als größte Anlage der Welt angekündigte Windpark in den Great Plains würde nun in kleinerem Maßstab gebaut, und Royal Dutch Shell hat sich aus dem Projekt London Array (einem geplanten, riesigen Windpark in der Nordsee; Anm. d. Ü.) zurückgezogen. Regierungen und Regierungsparteien waren gleichermaßen bemüht, sich ihrer Kohlenstoff-Schulden zu entledigen. Bei der kanadischen Parlamentswahl im Oktober 2007 setzten sich z. B. die Konservativen, unterstützt von den Öl- und Kohle-Lobbys, erfolgreich gegen die »Grüne Wende« der Liberalen durch, die für eine nationale Umweltsteuer eingetreten waren. Gleichzeitig verabschiedete sich die Bush-Regierung in Washington von einer umfangreichen Initiative zur Förderung der Entwicklung im Bereich CO_2-Abscheidung.

Auf der angeblich umweltfreundlicheren Seite des Atlantiks prangerte kürzlich die Regierung Berlusconi, die derzeit im Begriff ist, das italienische Versorgungsnetz von Öl auf Kohle umzustellen, das EU-Ziel einer Emissionsreduktion um zwanzig Prozent bis zum Jahr 2020 als »unbezahlbares Opfer« an, während die deutsche Regierung laut *Financial Times* »dem Vorschlag, Unternehmen für ihren Kohlendioxid-Ausstoß zahlen zu lassen«, durch die Unterstützung einer fast ausnahmslosen Befreiung für die Industrie einen harten Schlag versetzte.[16] (»Die Prioritäten haben sich durch diese Krise verändert«, erklärte der Außenminister sichtlich verlegen.) Allenthalben herrscht also Pessimismus. Selbst Yvo de Boer, der Leiter der Klimarahmenkonvention der Vereinten Nationen, räumt ein, daß die »meisten vernünftigen Regierungen darauf verzichten werden, [der Industrie] neue Kosten in Form von CO_2-Emissionslimits aufzuerlegen«, solange die Wirtschafts-

16 Peggy Hollinger, »EU needs stable energy policy, EDF warns«, in: *Financial Times* (5. Oktober 2008).

krise nicht überwunden ist. Selbst wenn also unsichtbare Kräfte und visionäre Regierungen das Wirtschaftswachstum wieder in Gang bringen, werden sie doch kaum in der Lage sein, den globalen Thermostat rechtzeitig herunterzudrehen, um eine galoppierende Klimaveränderung zu verhindern. Ebensowenig kann man davon ausgehen, daß die G8 oder G20 dieser Welt erpicht darauf sein werden, das Chaos, das sie angerichtet haben, auch wieder aufzuräumen.[17]

Ökologische Ungleichheiten

Die Klimadiplomatie auf der Grundlage des Kyoto-Modells geht davon aus, daß alle großen Akteure, sobald sie den in den IPCC-Berichten enthaltenen Konsens akzeptiert haben, anerkennen werden, daß der Kontrolle über den Treibhauseffekt

17 Die peinliche Farce des Kopenhagener Klimagipfels, der US-Präsident Obama mit seinem Versuch, die Ergebnisse der Konferenz als eine Art Durchbruch zu verkaufen, die Krone aufsetzte, offenbarte weniger die Kluft zwischen bestimmten Nationen als vielmehr den Bruch zwischen den Regierungen und der Menschheit insgesamt. Die berühmten zwei Grad Celsius, auf die der amerikanische Präsident und der damalige britische Premier Gordon Brown die zukünftige Erwärmung zu begrenzen versprachen, bahnen sich bereits ihren Weg durch die Ozeane der Welt: Diese Zukunft erwartet uns selbst dann, wenn wir alle CO_2-Emission heute abstellen würden. (Vgl. zum Begriff des »committed warming« [also der Idee, daß wir mit den Folgen der bereits emittierten Treibhausgase werden leben müssen; Anm. d. Ü.] und zu den Illusionen, die der Konferenz in der dänischen Hauptstadt zugrunde lagen, den erschütternden, allerdings recht ungeschickt betitelten Aufsatz zweier Forscher der Scripps Institution of Oceanography: V. Ramanathan/Y. Feng, »On avoiding dangerous anthropogenic interference with the climate system: Formidable challenges ahead«, in: *Proceedings of the National Academy of Sciences of the United States of America* 105 (23. September 2008), S. 14245-14250; online verfügbar unter: {http://www.pnas.org/content/105/38/14245.full.pdf+html} (Stand April 2011).

allgemeine und vordringliche Priorität zukommt. Das Phänomen der Erderwärmung hat nur leider nichts mit H. G. Wells' Klassiker *Krieg der Welten* zu tun, in dem die einfallenden Marsianer die Menschheit ganz demokratisch ohne Rücksicht auf Klassen- oder Rassenunterschiede vernichten. Die Auswirkungen der Klimaveränderung verteilen sich statt dessen auf tragisch ungerechte Weise auf die verschiedenen Regionen und Gesellschaftsschichten und richten den größten Schaden in den ärmsten Ländern an, die über die geringsten Ressourcen für eine nennenswerte Anpassung verfügen. Diese geographische Trennung von Emissionsquelle und Umweltfolgen ist es, die einer vorausschauenden, proaktiven Solidarität im Wege steht. Wie das Entwicklungsprogramm der Vereinten Nationen in seinem Bericht 2007/2008 betont, ist die Erderwärmung vor allem eine Bedrohung für die Armen und Ungeborenen, die »beiden Bevölkerungsgruppen, die nur über sehr geringen bzw. gar keinen politischen Einfluß verfügen«.[18] Koordiniertes globales Handeln in ihrem Namen setzt also entweder die revolutionäre Ermächtigung dieser Gruppen (ein Szenario, das vom IPCC nicht berücksichtigt wurde) oder ein Umdenken in den reichen Ländern und Klassen voraus, die ihre eigenen Interessen zugunsten einer aufgeklärten »Solidarität« hintanstellen müßten, für die es praktisch keine historischen Vorbilder gibt.

Aus der Perspektive der Theorie rationaler Akteure scheint die zweite Variante nur dann realistisch, wenn eindeutig bewiesen werden kann, daß es auch für privilegierte Bevölkerungsgruppen keinen »Notausgang« gibt, daß das öffentliche Ansehen im Hinblick auf völkerrechtliche Fragen Einfluß auf die Politik der Schlüsselländer hat und daß die Verminderung von Treibhausgasen ohne größere Einschränkungen im Hin-

18 United Nations Development Programme, *Human Development Report 2007/2008*, S. 6.

blick auf den Lebensstandard in der nördlichen Hemisphäre erreicht werden kann. Leider ist jedoch keine dieser Voraussetzungen wirklich wahrscheinlich. Zudem mangelt es nicht an renommierten Apologeten wie den Wirtschaftswissenschaftlern William Nordhaus und Robert Mendelsohn von der Yale University, die ohne Skrupel erklären, es sei sinnvoller, Bemühungen um eine Emissionsreduktion aufzuschieben, bis die ärmeren Länder reicher und daher besser in der Lage seien, die Kosten selbst zu tragen. Mit anderen Worten: Wachsende Umweltbedrohungen und sozioökonomische Turbulenzen könnten, anstatt heldenhafte Innovationen und die internationale Zusammenarbeit zu fördern, die Eliten schlicht und ergreifend dazu veranlassen, sich noch rigoroser vom Rest der Menschheit abzuschotten. In diesem noch unerforschten, aber durchaus nicht unwahrscheinlichen Szenario würden globale Bemühungen um eine Emissionsreduktion stillschweigend unterbunden (wie es in bestimmtem Umfang bereits getan wurde), um Investitionen in eine selektive Anpassung zu begünstigen, die den Erdbewohnern der ersten Klasse auch weiterhin einen komfortablen Lebensstil ermöglicht (vgl. zu diesen beiden Optionen den Text von Michael D. Mastrandrea und Stephen H. Schneider in diesem Band). Das Ziel wäre dann die Schaffung grüner, streng eingezäunter Oasen des permanenten Überflusses auf einem ansonsten öden und unwirtlichen Planeten.

Natürlich gäbe es immer noch Abkommen, CO_2-Kredite, Hungerhilfe sowie humanitäre Klimmzüge, und vielleicht würden sogar einige europäischer Städte und kleinere Länder vollkommen auf alternative Energien umgestellt. Die weltweite Anpassung an klimatische Veränderungen jedoch, die Billionen-Dollar-Investitionen in die urbanen und landwirtschaftlichen Infrastrukturen der Länder mit niedrigem und mittlerem Einkommen sowie eine staatlich finanzierte Umsiedlung von zigmillionen Afrikanern und Asiaten voraussetzen würde, müßte sich notwendigerweise im Hinblick auf die Umverteilung von Einkommen und Macht auf eine Revolution nahezu mythischen Ausmaßes gründen. In der Zwischenzeit rasen wir, sehr viel schneller als wir uns vorzustellen wagen, auf den verhängnisvollen Zeitpunkt zu, der um das Jahr 2030 oder auch früher eintreten dürfte und an dem das Zusammenspiel von Klimaveränderungen, Öl- und Wasserverknappung und weiteren 1,5 Milliarden Menschen auf dem Planeten negative Synergien erzeugen wird, die jenseits unserer Vorstellungskraft liegen.

Die grundlegende Frage lautet: Werden die reichen Länder jemals die politische Bereitschaft und die wirtschaftlichen Mittel aufbringen, um die IPCC-Ziele zu erreichen bzw. um die ärmeren Länder bei der Anpassung an die mittlerweile bereits unausweichliche Erwärmung zu unterstützen, die sich derzeit in den gemächlichen Strömen der Weltmeere ihren Weg bahnt? Oder etwas anschaulicher ausgedrückt: Werden die Wähler der reichen Nationen endlich ihre derzeitige Bigotterie über Bord werfen und ihre wohlgehüteten Grenzen abbauen, um Flüchtlinge aus den bereits heute absehbaren Epizentren der Trockenheit und der fortschreitenden Wüstenbildung (man denke an den Maghreb, Mexiko, Äthiopien oder Pakistan) bei sich aufzunehmen? Werden die Amerikaner, die geizigste Nation im Hinblick auf die pro Kopf gezahlte Entwicklungshilfe, bereit sein, sich selbst Steuern aufzuerlegen, die eine Umsiedlung von Millionen von Menschen ermöglichen könnten, denen auf Grund von Überschwemmungen die Vertreibung aus dicht besiedelten Deltaregionen wie Bangladesch droht? Und wird die nordamerikanische Agrarindustrie, die höchstwahrscheinlich von einer globalen Erwärmung profitieren wird, freiwillig die Sicherung der Ernährung der Weltbevölkerung zur obersten Priorität machen, anstatt sich weiterhin an ihrer Verkäuferposition zu bereichern?

Marktorientierte Optimisten werden natürlich auf Klimakompensationsprogramme wie den Mechanismus für umweltverträgliche Entwicklung (CDM, Clean Development Mechanism) hinweisen, die gemäß ihren Behauptungen grüne Investitionen in der Dritten Welt gewährleisten. Die Auswirkungen des CDM sind bisher jedoch nicht der Rede wert. Das Programm subventioniert kleinere Wiederaufforstungsinitiativen und den Ablaß für Industrieemissionen, anstatt grundlegende Investitionen mit Blick auf die Nutzung fossiler Brennstoffe im häuslichen und städtischen Umfeld zu tätigen. Zudem zöge es der größte Teil der Entwicklungsländer zweifellos vor, wenn der Norden endlich damit anfinge, das Umweltchaos, das er angerichtet hat, so gut es geht wieder zu bereinigen. Die armen Länder wettern zu Recht gegen die Vorstellung, die größte Last im Hinblick auf die Anpassung an anthropozäne Verhältnisse solle gerade von denen geschultert werden, die in der Vergangenheit am wenigsten zu den Kohlenstoffemissionen beigetragen und den geringsten Nutzen aus zwei Jahrhunderten industrieller Revolution gezogen haben. In einer kürzlich veröffentlichten, sehr ernüchternden Studie hat ein Forschungsteam versucht zu berechnen, welche Umweltkosten seit 1961 für die wirtschaftliche Globalisierung in Form von Abholzung, Klimaveränderung, Überfischung, Ozonabbau, des Verlusts von Mangrovenwäldern und landwirtschaftlicher Ausbreitung entstanden sind. Nach Berücksichtigung der relativen Kostenbelastungen kamen sie zu dem Ergebnis, daß die Wohlstandsländer auf Grund ihrer Aktivitäten für 42 Prozent aller weltweit entstandenen Umweltschäden verantwortlich sind, aber nur drei Prozent der daraus resultierenden Kosten tragen.[19]

19 U. Thara Srinivasan et al., »The debt of nations and the distribution of ecological impacts from human activities«, in: *Proceedings of the Na-*

Und noch auf eine weitere Schuld werden die Radikalen aus den Entwicklungsländern zu Recht verweisen. Dreißig Jahre lang sind die Städte in der Dritten Welt mit halsbrecherischer Geschwindigkeit gewachsen, ohne daß entsprechende staatliche Investitionen in Infrastrukturen, Wohnungsbau oder Gesundheitswesen erfolgt wären. Dies resultiert teilweise aus den von Diktatoren vereinbarten Auslandskrediten, deren Rückzahlungen vom Internationalen Währungsfonds durchgesetzt wurden, aber auch aus der Reduktion oder Umverteilung staatlicher Ausgaben, die auf die Strukturanpassungsvereinbarungen der Weltbank zurückzuführen sind. Diese weltweite Hilflosigkeit und soziale Ungerechtigkeit läßt sich in der Tatsache zusammenfassen, daß laut UN-Habitat (dem Programm der Vereinten Nationen für menschliche Siedlungen; Anm. d. Ü.) derzeit mehr als eine Milliarde Menschen in Slums leben und daß sich diese Zahl laut Schätzungen bis 2030 verdoppeln wird. Mindestens ebenso viele fristen ihr Dasein im sogenannten informellen Sektor (ein Euphemismus der Wohlstandsländer für Massenarbeitslosigkeit). Auf Grund der demographischen Entwicklung wird sich die Weltbevölkerung in den nächsten vierzig Jahren um weitere drei Milliarden Menschen erhöhen (neunzig Prozent davon in den ärmsten Städten), und niemand – absolut niemand – hat eine Ahnung, wie sich ein Planet voller Slums mit wachsenden Ernährungs- und Energiekrisen so an die zukünftigen Gegebenheiten anpassen soll, daß er sein reines Überleben sichern kann, von Glück und Menschenwürde gar nicht erst zu reden.

Die ausgefeiltesten Untersuchungen zu den wahrscheinlichen Auswirkungen der Erderwärmung auf die Landwirtschaft

tional Academy of Sciences of the United States of America 105 (5. Februar 2008), S. 1768-1773; online verfügbar unter: {http://www.pnas.org/content/105/5/1768.full.pdf+html} (Stand April 2011).

in den tropischen und subtropischen Regionen faßt William R. Cline in einer Studie über die Situation in den einzelnen Ländern zusammen, in der er Klimaszenarien mit Ernteprozessen und neo-ricardianischen Ertragsmodellen kombiniert. Indem er unterschiedliche Ausmaße der CO_2-Düngung berücksichtigt, ermöglicht er den bisher differenziertesten Ausblick auf die mögliche Zukunft unserer Ernährung. Dieser Ausblick ist düster. Selbst in den optimistischsten Simulationen geht Cline von einem Zusammenbruch der Landwirtschaftssysteme Pakistans (minus zwanzig Prozent des derzeitigen Ertrags) und Nordwestindiens (minus dreißig Prozent) aus. Dasselbe gilt für große Teile des Nahen Ostens, des Maghreb, der Sahel-Zone, Teile Südafrikas sowie die Karibik und Mexiko. Laut Cline droht 29 Entwicklungsländern auf Grund der Erderwärmung der Verlust von mindestens zwanzig Prozent ihres derzeitigen Ernteertrags, während sich die Landwirtschaft im ohnehin schon reichen Norden im Durchschnitt auf eine Steigerung um acht Prozent freuen dürfe.[20]

Noch verhängnisvoller macht diesen potentiellen Verlust von landwirtschaftlichen Kapazitäten in der Dritten Welt die Warnung der Vereinten Nationen, für die sichere Ernährung einer Weltbevölkerung, wie sie für die Mitte des Jahrhunderts erwartet wird, sei eine Verdoppelung der Nahrungsmittelproduktion erforderlich. Die derzeitige Lebensmittelkrise, die durch den Biotreibstoff-Boom noch verschärft wird, ist nur ein dezenter Vorgeschmack auf das Chaos, das sich schon sehr bald aus dem Zusammenspiel von Ressourcenübernutzung, hartnäckiger Ungerechtigkeit und Klimaveränderungen ergeben dürfte. Es besteht eine reelle Gefahr, daß die zwischenmenschliche Solidarität, ebenso wie das Eis der westlichen

20 William Cline, *Global Warming and Agriculture: Impact Estimates by Country*, Washington DC: Peterson Institute 2007, S. 67-71 und 77 f.

Antarktis, eines Tages bricht und nichts als einen Scherbenhaufen zurückläßt.

Optimismus der Vorstellungskraft

Angesichts der synergistischen Gefahren, die mit dem überhandnehmenden Bevölkerungswachstum, abrupten Klimaveränderungen, der Ölverknappung (und in einigen Regionen Wassermangel), dem möglichen Zusammenbruch ganzer Landwirtschaftssysteme und den geballten Folgen städtischer Verwahrlosung einhergehen, hat sich die akademische Forschung erst mit einiger Verspätung ans Werk gemacht. Es ist allerdings keine große Überraschung, daß die Berichte der deutschen Regierung, der CIA und des Pentagon über die zukünftigen Auswirkungen dieser globalen Krise auf die nationale Sicherheit klingen, als seien sie Katastrophenfilmen aus Hollywood entnommen. In einem der letzten *Human Development Reports* der Vereinten Nationen heißt es dazu: »In der Geschichte gibt es auf den ersten Blick keine Situationen, die sich mit der Dringlichkeit der mit dem Klimawandel zusammenhängenden Probleme vergleichen ließe.«[21] Auch wenn die Paläoklimatologie den Wissenschaftlern helfen kann, die nichtlinearen Auswirkungen der Erderwärmung zu berechnen, gibt es keinen historischen Präzedenzfall, auf dessen Grundlage wir besser begreifen könnten, was in den fünfziger Jahren des 21. Jahrhunderts auf uns zukommen könnte, wenn eine Weltbevölkerung von neun bis elf Milliarden Menschen mit dem Klimachaos und der Erschöpfung der fossilen Brennstoffe kämpfen wird. Für die Zukunft unserer Enkel ist nahe-

21 United Nations Development Programme, *Human Development Report 2007/2008*, S. 6.

zu jedes Szenario denkbar, vom kompletten Zusammenbruch der Zivilisation bis hin zu einem neuen goldenen Zeitalter der Kernfusion.

Wir können jedoch sicher sein, daß die Städte zum Ground Zero dieser Entwicklung werden. Zwar haben Waldrodung und Export-Monokulturen eine entscheidende Rolle beim Übergang in eine neue geologische Epoche gespielt, der Hauptfaktor war jedoch der nahezu exponentielle Anstieg der CO_2-Emissionen in den urbanen Regionen der nördlichen Hemisphäre. Allein die Heizung und Kühlung der Gebäude in unseren Städten ist für geschätzte 35 bis 45 Prozent des derzeitigen CO_2-Ausstoßes verantwortlich, Industrie und Transportwesen in diesen Städten tragen weitere 35 bis 40 Prozent bei. In gewissem Sinne sind es also die Städte, die jene historisch-ökologische Nische – die klimatische Stabilität des Holozäns – zerstören, welche ihre Entwicklung zu der uns vertrauten Stufe der Komplexität überhaupt erst möglich machte.

Allerdings stehen wir hier vor einem bemerkenswerten Paradoxon: Die Eigenschaften, die urbane Umgebungen so umweltfeindlich machen, sind seltsamerweise selbst in den größten Mega-Citys gerade die besonders anti- oder suburbanen Merkmale: An erster Stelle ist hier das explosive horizontale Wachstum zu nennen, bei dem sich die Beeinträchtigung oder blanke Zerstörung lebenswichtiger natürlicher Grundlagen (Grundwasserleiter, Wasserscheiden, Gemüsegärten, Wälder, Küstenökosysteme) und die hohen Kosten für die Bereitstellung von Infrastruktur in den wildwuchernden Ballungsräumen (*sprawls*) auf unheilvolle Weise verbinden. Daraus resultiert eine grotesk überdimensionierte Ökobilanz, verbunden mit einer Zunahme des Verkehrs und der Luftverschmutzung sowie, in den meisten Fällen, der informellen Entsorgung von Müll in Flüssen und anderen Gewässern. Wird die

Stadtentwicklung von Spekulanten und Immobilienfirmen gelenkt, die demokratische Kontrollen über Ressourcen und Planungsverfahren umgehen, so führt dies absehbarerweise zu einer extremen räumlichen Segregation nach Einkommen oder ethnischer Herkunft und zu einer zunehmend unsicheren Umgebung für Kinder, ältere Menschen und Personen mit besonderen Bedürfnissen. Die Entwicklung der Innenstädte ist gekennzeichnet durch Gentrification und die Vertreibung ärmerer Bevölkerungsgruppen; ein Prozeß, der zudem zum Zerfall der traditionellen Kultur der Arbeiterklasse führt. Zu diesen negativen Folgen hinzurechnen müssen wir noch die soziopolitischen Eigenschaften der Megalopolis unter den Bedingungen der kapitalistischen Globalisierung: das Wachstum der Slums und die Zunahme der informellen Beschäftigung in den Außenbezirken; die Privatisierung des öffentlichen Raums; permanente Konflikte niedriger Intensität zwischen Polizeikräften und Kleinkriminellen, die um ihr Überleben kämpfen; wohlhabende Menschen, die sich in sterilen historischen Zentren oder in abgesperrten Vororten verschanzen.

Die Merkmale hingegen, die wir als »klassisch« urban betrachten (und das gilt auch im Hinblick auf kleinere Städte), legen in ihrer Kombination ein wesentlich positiveres Bild nahe: Solange es klare Grenzen zwischen urbanen und ländlichen Gebieten gibt, trägt das Wachstum der Städte auch zur Bewahrung freier Flächen und lebenswichtiger Ökosysteme bei; in den Städten selbst ergeben sich positive Skaleneffekte in den Bereichen Verkehr und Wohnungsbau. Der Zugang von der Peripherie ins Zentrum wird erschwinglich, und der Verkehr kann wesentlich effektiver gelenkt werden. Abfall läßt sich einfacher recyceln, man muß ihn nicht länger irgendwo am Rand der Agglomeration illegal entsorgen. Im Rahmen klassischer urbanistischer Visionen ersetzt eine Form des öffentlichen Luxus den privatisierten Konsum, da Sehnsüchte und Identitäten im kollektiven urbanen Raum gleichsam vergesellschaftet werden. Ein hoher Anteil von Wohnungen in öffentlicher Hand kann sicherstellen, daß die ökonomische und ethnische Heterogenität innerhalb der einzelnen Viertel über die ganze Stadt hinweg gewahrt bleibt. Eher egalitär ausgerichtete öffentliche Leistungen und Stadtlandschaften können so gestaltet werden, daß auch die Interessen von Kindern, älteren Menschen sowie von Personen mit besonderen Bedürfnissen berücksichtigt werden. Demokratische Kontrollen schließlich bieten wirkungsvolle Möglichkeiten für eine soziale Stadtplanung sowie für ein progressives Modell der Besteuerung; die politische Mobilisierung und die Beteiligung der Bürger ist hoch, die gemeinsamen Erinnerungen der Stadtgesellschaft sind wichtiger als irgendwelche Symbole, die großen Konzernen gehören; die räumliche Integration von Arbeit, Erholung und Wohnen kann gelingen.

Die Stadt als ihre eigene Rettung

Eine solch strikte Trennung zwischen den »positiven« und den »negativen« Aspekten des urbanen Lebens erinnert stark an die berühmten Versuche des letzten Jahrhunderts, so etwas wie einen kanonischen Urbanismus bzw. Antiurbanismus zu definieren. Zu nennen wären hier insbesondere Lewis Mumford und Jane Jacobs, Frank Lloyd Wright und Walt Disney,[22] Le Corbusier und die vom Congrès International d'Architecture (CIAM) im Jahr 1933 formulierte Charta von Athen, der

22 In den sechziger Jahren galt der Freizeitpark Disneyland, den die Walt Disney Corporation 1955 im kalifornischen Anaheim eröffnet hatte, als Musterbeispiel einer traditionellen Kleinstadt ohne Automobile. In den neunziger Jahren baute der Konzern dann die Retortenstadt Celebration in Florida, die heute als Beispiel des »New Urbanism« betrachtet wird (Anm. d. Ü.).

»Neue Urbanismus« von Andrés Duany und Peter Calthorpe und anderen. Doch niemand braucht »Stadttheoretiker«, die beredt ihre Meinungen über die Tugenden und Untugenden der städtischen Umgebung und der Art und Weise, wie dort soziale Interaktionen gepflegt oder unterbunden werden, zum besten geben. Denn was bei solchen moralischen Bestandsaufnahmen oft vernachlässigt wird, ist die Verwandtschaft von sozialer und ökologischer Verantwortung, zwischen kommunaler Gesinnung und einem umweltfreundlicheren Urbanismus. Ihre gegenseitige Anziehungskraft ist unausweichlich, ja geradezu magnetisch. Die Bewahrung städtischer Grün- und Wasserflächen z. B. dient dem Erhalt lebenswichtiger natürlicher Elemente des urbanen Stoffwechsels und bietet gleichzeitig ein Freizeit- und Kulturangebot für die breite Masse. Die Reduzierung von Staus in den Vorstädten durch bessere Planung und öffentliche Verkehrsmittel macht aus Hauptverkehrsadern wieder ruhigere Wohngegenden bei gleichzeitiger Verminderung der Treibhausgasemissionen.

Man könnte unzählige Beispiele anführen, und sie alle verweisen auf ein einziges Prinzip: Die Grundlage der umweltfreundlichen Stadt sind nicht unbedingt ein besonders ökologischer Städtebau oder neuartige Technologien, sondern viel eher die Entscheidung, dem öffentlichen Wohl die Priorität vor dem individuellen Reichtum einzuräumen. Wie wir alle wissen, bräuchten wir eine ganze Reihe von Planeten, um die gesamte Menschheit in Vorstadthäusern mit Garagen für zwei Autos und Vorgärten unterzubringen, und diese offenkundige Beschränkung wird gelegentlich herangezogen, um die Unvereinbarkeit endlicher Ressourcen mit steigendem Lebensstandard zu verdeutlichen. In den meisten Städten, gleichgültig ob in reichen oder armen Ländern, wird die potentielle Umwelteffizienz, die sich aus einer dichten Besiedelung ergibt, völlig außer acht gelassen. Städte bieten enorme ökologische

Möglichkeiten, die bislang noch völlig verkannt werden und daher ungenutzt bleiben. Die Tragfähigkeit des Planeten Erde wird ausreichen, wenn wir bereit sind, nicht länger den modularisierten privaten Konsum, sondern den demokratischen urbanen Raum zum Motor von Nachhaltigkeit und Gleichheit zu machen. Öffentlicher Wohlstand, der sich in großen Stadtparks, Museen mit freiem Eintritt, in Bibliotheken und unbegrenzten Möglichkeiten für zwischenmenschliche Interaktion manifestiert, stellt einen alternativen Weg zu einem hohen Lebensstandard dar, der auf einer Form der dem Planeten freundschaftlich verbundenen Geselligkeit basiert. Was von Urbanisten und Stadttheoretikern selten beachtet wird, ist die Tatsache, daß Universitätsgelände oft kleine quasisozialistische Oasen mit großzügigen Grünflächen sind, die alle Grundvoraussetzungen für Lernen, Forschung, Leistung und Erholung bieten.

Die utopisch-ökologische Kritik an der modernen Stadt wurde von Sozialisten und Anarchisten ins Leben gerufen. Alles begann mit den Gildensozialisten, die (inspiriert von den bioregionalistischen Ideen Kropotkins und später Patrick Geddes' von Stadtgärten für englische Arbeiter träumten, die sich allmählich wieder in selbstbewußte Handwerker verwandeln sollten; dieser Traum endete, als die österreichische Armee im Februar 1934 den Karl-Marx-Hof beschoß, jenen Gemeindebau im »Roten Wien«, der in den dreißiger Jahren ein großartiges Experiment des gemeinschaftlichen Zusammenlebens darstellte. Dazwischen liegen die Erfindung des Kibbuz durch russische und polnische Sozialisten, die modernistischen Sozialwohnungsbauprojekte des Bauhauses und die überaus faszinierende Debatte über den Urbanismus, die in den zwanziger Jahren in der Sowjetunion geführt wurde. Die radikalen urbanistischen Phantasien fielen den Tragödien der dreißiger und vierziger Jahre zum Opfer. Auf der einen Seite steuerte der Stalinismus auf einen Monumentalismus zu, der im Hinblick auf seine schiere Größe und seine Struktur auf eine Weise unmenschlich war, die sich kaum vom wagnerianischen Größenwahn unterschied, den Albert Speer während des Dritten Reichs an den Tag legte. Auf der anderen Seite vernachlässigte die Sozialdemokratie der Nachkriegszeit die Ideen des alternativen Urbanismus zugunsten einer keynesianistischen Politik des Massenwohnungsbaus, die sich vor allem auf Skaleneffekte durch Hochhausprojekte auf günstigen Grundstücken in den Vororten konzentrierte und damit die traditionelle Arbeiterklasse ihrer städtischen Wurzeln beraubte.

Dennoch bieten die Diskussionen des späten 19. und des frühen 20. Jahrhunderts über die »sozialistische Stadt« wertvolle Ansätze für eine Betrachtung unserer derzeitigen planetaren Krise. Nehmen wir zum Beispiel die Konstruktivisten. El Lissitzky, Melnikow, Leonidow, Golosow und die Wesnin-Brüder sind heute vielleicht nicht mehr allgemein bekannt, nichtsdestotrotz waren es brillante sozialistische Designer, die zwar durch die urbane Misere der jungen Sowjetrepublik und einen dramatischen Mangel an staatlichen Investitionen eingeschränkt waren, die aber dennoch Vorschläge unterbreiteten, um das eingeengte Leben in Stadtwohnungen durch großartig konzipierte Arbeiterclubs, Volkstheater und Sportkomplexe aufzulockern. Eine ihrer wesentlichen Prioritäten war die Emanzipation der Arbeiterfrauen durch die Organisation von Gemeinschaftsküchen, Kindertagesstätten, öffentlichen Bädern und Kooperativen aller Art. Obwohl sie auch Arbeiterclubs und Freizeitzentren imaginierten, die – unter Umständen als Teil riesiger fordistischer Fabriken mit zugehörigen Wohnhochhäusern – zu »sozialen Kondensatoren« einer neuen proletarischen Zivilisation werden sollten, erarbeiteten sie doch zugleich eine praktische Strategie, um den Lebensstandard der armen Arbeiter in den Städten im Rahmen der ansonsten recht kargen Umstände etwas zu verbessern.

Im Kontext des globalen ökologischen Ausnahmezustandes könnten wir das konstruktivistische Projekt möglicherweise in die Prämisse übersetzen, daß die eher egalitären Aspekte des städtischen Lebens die besten soziologischen und physikalischen Voraussetzungen für einen schonenden Umgang mit Ressourcen und die Verminderung des CO_2-Ausstoßes bieten. Tatsächlich besteht wenig Hoffnung, daß es uns gelingen wird, die Emissionen zurückzufahren und menschliche Habitate an die Bedingungen des Anthropozäns anzupassen, solange die Bewegung, die sich für eine Kontrolle der Erderwärmung einsetzt, keine Koalition mit jenen Kräften eingeht, die für eine Anhebung des Lebensstandards und die Abschaffung der Armut in der Welt streiten. Im echten Leben, also jenseits der oft allzu simplifizierten Szenarien des IPCC, bedeutet das, daß sich möglichst viele Menschen am Kampf für eine demokratische Kontrolle des urbanen Raums, der Kapitalströme, Ressourcen und Massenproduktionsmittel einsetzen müssen.

Meiner Ansicht nach ist die immanente Krise der heutigen Umweltpolitik genau darin begründet, daß es zu wenige mutige Konzepte gibt, die den Herausforderungen Armut, Energie, Biodiversität und Klimaveränderung mit einer ganzheitlichen Vision des menschlichen Fortschritts begegnen. Auf der Mikroebene gab und gibt es natürlich enorme Fortschritte in der Entwicklung alternativer Technologien und im Bau von Passivhäusern, aber Prestigeprojekte in reichen Kommunen und Staaten werden nicht die ganze Welt retten. Die Wohlhabenden können zwar aus einer Vielzahl unterschiedlicher biologisch sinnvoller Angebote für eine ökologische Lebensweise auswählen, aber worin besteht eigentlich unser übergeordnetes Ziel? Wollen wir einer Reihe umweltbewußter Promis die Gelegenheit geben, ihren umweltfreundlichen Lebensstil zur

Schau zu stellen? Oder wollen wir die Solarenergie, sanitäre Anlagen, Kinderkliniken und öffentliche Transportmittel zu den Armen in den Städten dieser Welt bringen?

Jenseits der grünen Zone

Nachhaltige Stadtmodelle für den gesamten Planeten zu schaffen, und nicht nur für einige privilegierte Länder oder Gesellschaftsschichten, erfordert ein enormes Maß an Phantasie, wie es die Künstler und Wissenschaftler in den Glanzzeiten der staatlichen Moskauer Kunsthochschule Wchutemas und des Bauhauses bewiesen haben. Es erfordert zudem die kompromißlose Bereitschaft, über den Horizont des neoliberalen Kapitalismus hinauszublicken und eine globale Revolution in Gang zu setzen, die die Arbeitskraft der im informellen Sektor beschäftigten Menschen sowie die der armen Landbevölkerung einbindet, wenn es darum geht, ihre architektonische Umgebung und ihre Lebensgrundlagen nachhaltig neu zu strukturieren. Natürlich ist das eine vollkommen unrealistische Vorstellung, aber entweder begeben wir uns heute auf eine hoffnungsvolle Reise und glauben daran, daß die Zusammenarbeit von Architekten, Ingenieuren, Ökologen und Umweltaktivisten einen kleinen, aber entscheidenden Beitrag dazu leisten kann, die Schaffung einer neuen Welt etwas mehr in den Bereich des Möglichen zu rücken, oder wir ergeben uns einer Zukunft, in der Planer und Architekten nur noch die Handlanger elitärer alternativer Lebensformen sind. Die »grünen Zonen« unseres Planeten mögen zwar gleichsam pharaonische Möglichkeiten für die Monumentalisierung individueller Visionen bieten, doch die ethischen Fragen der Architektur und der Stadtplanung können nur in den Mietskasernen und Ballungsräumen der »roten Zonen« gelöst werden.

Ich bin daher der Ansicht, daß wir uns allein durch die

Rückkehr zu einer explizit utopischen Denkweise Klarheit verschaffen können über die Mindestvoraussetzungen für die Aufrechterhaltung der menschlichen Solidarität im Angesicht des Zusammenspiels unterschiedlicher planetarer Krisen. Ich glaube, daß ich verstanden habe, was die marxistischen italienischen Architekten Manfredo Tafuri und Francesco Dal Co meinten, als sie vor »einer Rückentwicklung zum Utopismus« warnten. Wenn wir allerdings unseren Denkhorizont so weit öffnen wollen, daß wir in der Lage sind, die Herausforderungen des Anthropozäns zu meistern, ist es erforderlich, alternative Formen und Kombinationen von Mitteln, Praktiken und sozialen Beziehungen in Betracht zu ziehen. Dazu müssen wir uns jedoch von jenen wirtschaftspolitischen Überzeugungen befreien, die uns an die Gegenwart ketten. Utopismus bedeutet allerdings weder zwangsläufig Millenarismus noch ist er auf Prototypen und Zeichenpulte beschränkt. Eine der vielversprechendsten Entwicklungen in diesem neuen intellektuellen Raum, in dem Forscher und Aktivisten über die Auswirkungen der Erderwärmung auf die weitere Zukunft unserer Erde diskutieren, ist eine ganz neue Bereitschaft, sich dem Notwendigen zu verschreiben anstatt dem Machbaren. Immer mehr Experten vertreten die Ansicht, daß uns jetzt nur noch zwei Möglichkeiten bleiben: Entweder wir kämpfen für die Umsetzung »unmöglicher« Lösungen für die zunehmend komplexen Probleme des Klimawandels und der Armut in den Städten, oder wir machen uns zu Komplizen eines Prozesses, dem die Menschheit letztendlich zum Opfer fallen wird.

Ich denke daher, daß wir neuen Mut aus einem Leitartikel schöpfen können, der im Jahr 2008 in der Zeitschrift *Nature* erschienen ist. Nachdem sie erklärt haben, daß die »Herausforderungen einer schleichenden Urbanisierung integrative, multidisziplinäre Ansätze und ein neues Denken notwendig machen«, fordern die Redakteure die reichen Länder auf, eine

Null-CO_2-Revolution in den Städten der Dritten Welt zu finanzieren. »Es mag utopisch klingen«, schreiben sie,

> »die Einführung dieser Innovationen in den Ballungszentren der Schwellen- und Entwicklungsländer zu fördern, wo sich viele der Einwohner kaum ein Dach über dem Kopf leisten können. Diese Länder haben jedoch bereits bewiesen, daß sie ein Talent für technischen Fortschritt besitzen, etwa durch die Umgehung von Festnetz-Infrastrukturen mit Hilfe von Mobiltelefonen. Viele der ärmeren Länder verfügen auch über sehr alte Traditionen, wenn es darum geht, Gebäude an lokale Praktiken, Umgebungen und Klimabedingungen anzupassen. Sie haben sozusagen eine natürliche Disposition zur integrativen Planung, die uns in der westlichen Welt leider abhanden gekommen ist. Jetzt haben diese Länder die Möglichkeit, ihre traditionellen Ansätze mit modernen Technologien zu verknüpfen.«[23]

Auch der *Human Development Report 2007/2008* der Vereinten Nationen weist darauf hin, die »Zukunft der menschlichen Solidarität« sei auf massive Hilfsprogramme angewiesen, die den Entwicklungsländern die Möglichkeit geben, sich an drastische Klimaveränderungen anzupassen. Der Bericht fordert eine Beseitigung der »Widerstände gegen die schnelle Finanzierung von Low-Carbon-Technologien, die dringend erforderlich sind, um gefährliche Klimaveränderungen zu vermeiden [...]. Wir dürfen die Ärmsten dieser Welt nicht mit ihren knappen Ressourcen allein lassen, während sich die Bürger der Wohlstandsländer hinter der Fassade des Klimaschutzes verschanzen. [...] Um es ganz deutlich zu sagen: Die Armen dieser Welt, und dasselbe gilt für zukünftige Generationen,

23 N. N., »Turning blight into bloom«, in: *Nature online* (11. September 2008), online verfügbar unter: {http://www.nature.com/nature/journal/v455/n7210/full/455137a.html} (Stand April 2011).

können sich die Selbstgefälligkeit und die Ausflüchte nicht leisten, die im Rahmen der internationalen Klimaschutzverhandlungen nach wie vor den Ton angeben.« Wenn wir uns weigern, entschlossen im Interesse der ganzen Menschheit zu handeln, »käme dies einem moralischen Versagen gleich, für das es in diesem Ausmaß in der Geschichte der Menschheit kein Beispiel gäbe«.[24]

Wenn das für Sie wie ein sentimentaler Schlachtruf oder ein Überbleibsel aus der 68er-Generation erscheint – sei's drum. Denn wer auch nur einige der Beweise aus dem ersten Teil dieses Vortrags akzeptiert, der wird, so er es wagt, einen »realistischen« Blick auf die Zukunftsaussichten der Menschheit zu werfen, wie beim Anblick der Medusa auf der Stelle zu Stein erstarren.

Übersetzung aus dem Englischen

24 United Nations Development Programme, *Human Development Report 2007/2008*, a. a. O., S. 62.

Peter Sloterdijk
Wie groß ist »groß«?

I.

»Wie groß können wir denken?«
Buckminster Fuller[25]

Auch Metaphern haben ihre Schicksale. Als Buckminster Fuller 1969 seine berühmte *Betriebsanleitung für das Raumschiff Erde* publizierte, machte er die kühne, ja utopische Annahme, in den sozialen Systemen sei die Zeit reif geworden für eine Übergabe der Steuerungskompetenzen von den Politikern und Finanziers zu den Designern, Ingenieuren und Künstlern. Die Annahme beruhte auf der Diagnose, wonach die Angehörigen der ersten Gruppe – wie alle »Spezialisten« – immer nur durch ein kleines Loch auf die Realität blicken, das ihnen nicht mehr als einen Ausschnitt zu sehen erlaubt. Indessen entwickelten die letzteren von Berufs wegen holistische Ansichten und bezögen sich auf das Panorama der Realität im ganzen.

Es war, als hätte die romantische Devise »Die Phantasie an die Macht!« den Atlantik überquert und wäre an der anderen Küste als die Parole »Das Design an die Macht!« entschlüsselt worden. Die Kühnheit von Buckminster Fullers Publikation, die bald zu einer Bibel der »Gegenkultur«, nachmals der Alternativen wurde, zeigte sich nicht in seiner Verachtung für die scheinbar Großen und Mächtigen der Welt, von denen er meinte, sie seien »heute nur noch von geisterhafter Erscheinung«. Sie bestand in der wahrhaft ungeheuerlichen Neudefinition des heimatlichen Planeten: Von diesem kritischen

25 Richard Buckminster Fuller, *Betriebsanleitung für das Raumschiff Erde*, Dresden/Amsterdam: Verlag der Kunst 1998, S. 54.

Moment an durfte die gute alte Erde nicht länger als eine Naturgröße vorgestellt werden, sondern war als ein riesenhaftes Artifizium aufzufassen. Sie war kein Fundament mehr, sondern ein Konstrukt, sie war keine Basis mehr, sondern ein Fahrzeug.

Es spricht für die Ungeheuerlichkeit wie die Unwiderstehlichkeit von Buckminster Fullers Metapher, daß sie binnen weniger als eines halben Jahrhunderts ins kollektive Bewußtsein einsickerte. Zugleich bezeichnet es die akute Bedrohlichkeit der Lage an Bord des Raumschiffs Erde, daß – nach wenig überzeugenden Vorspielen in Kyoto und einem Dutzend anderer Klimagipfel – in diesen Tagen zum ersten Mal eine effektive Vollversammlung der Politiker und Unterhändler dieses Planeten zusammentritt, um einigermaßen ernsthaft über das Klima-Management an Bord des Raumschiffs zu beraten. Man hat in der Zwischenzeit begriffen, daß die Rede vom Raumschiff Erde kein Ausweichen in poetische Unverbindlichkeit mangels präziserer Begriffe bedeutet. Die Metapher stellt hier die höchste Form des Begriffs dar. Seine Wahrheit enthüllt sich in der Angemessenheit seiner Implikationen für die reale Lage. Wenn die Erde ein Raumschiff ist, so muß seine Besatzung sich tatsächlich vor allem an der Aufrechterhaltung lebbarer Verhältnisse im Innern des Fahrzeugs interessiert zeigen – die Raumfahrttechnologen sprechen diesbezüglich von dem Life Support System (LSS), das an Bord von Raumstationen die biosphäre-mimetischen Konstanten kontrolliert. Atmosphären-Management wird darum zum ersten Kriterium der von jetzt an zu postulierenden Steuerungskunst für das integrale Raumschiff. Zu bedenken ist hierbei: In diesem Gefährt fallen keine Sauerstoffmasken automatisch von der Kabinendecke, sollte der »unwahrscheinliche Fall« einer Luftverknappung eintreten. Es wäre auch absurd zu behaupten, Leuchtstreifen am Boden führten zu den Notausgängen – das

Raumschiff Erde besitzt keine Ausgänge, weder für den Notfall noch für den Normalfall. Und was die Leuchtstreifen am Boden angeht, was sind sie anderes als eine milde Hypnose für Passagiere mit Flugängsten? Die Angst der Gäste an Bord des Raumschiffs Erde muß mit konkreteren Mitteln gemildert werden. Zu ihrer Behandlung sind revolutionäre kognitive und technische Prozeduren erforderlich.

Buckminster Fuller hat die bisher wichtigste Bedingung für den Aufenthalt von Menschen an Bord des Raumschiffs Erde präzise benannt: Den Passagieren wurde keine Bedienungsanleitung mitgeliefert, vermutlich, weil sie von selber hinter das Geheimnis ihrer Situation kommen sollten. Tatsächlich wird die Erde, soviel wir wissen, seit fast zwei Millionen Jahren von Menschen und Menschenvorläufern bewohnt, »die nicht einmal wußten, daß sie an Bord eines Schiffes sind«.[26] Anders ausgedrückt: Den Menschen war in der Vergangenheit bei ihren Navigationen ein hohes Maß an Ignoranz zugestanden, da das System auf die Duldung hoher Grade menschlicher Unwissenheit ausgelegt war. Doch in dem Maß, wie die Passagiere anfangen, das Geheimnis der Lage zu lüften und mittels der Technik Macht über ihre Umwelt zu ergreifen, sinkt die anfängliche Ignoranzduldung durch das System ab, bis ein Punkt erreicht ist, an dem bestimmte Formen des unwissenden Verhaltens mit dem Aufenthalt der Passagiere an Bord nicht mehr verträglich sind. Das In-der-Welt-Sein des Menschen, von dem die Philosophie des 20. Jahrhunderts sprach, enthüllt sich somit als ein An-Bord-Sein auf einem störungsanfälligen kosmischen Fahrzeug. Vom aktuellen Blickpunkt aus gesehen, erweist sich die Geschichte des Denkens auf dem Planeten als ein finalisiertes kognitives Experiment, in dessen Verlauf die Wahrheit über die globale Situation ans Licht gebracht wer-

26 Ebd., S. 46.

den mußte. Wer an Bord des Raumschiffs den Mut hat, sich seines eigenen Verstandes zu bedienen, legt sich früher oder später Rechenschaft ab über die Tatsache, daß wir Autodidakten der Raumfahrt sind. Der wahre Begriff für die *conditio humana* heißt darum: Autodidaktik auf Leben und Tod. Autodidakt ist, wer die entscheidenden Lektionen ohne Lehrer lernen muß. Ich füge hinzu, daß uns deswegen der Rückgriff auf religiöse Überlieferungen in diesen Dingen nicht weiterhilft, weil die sogenannten Weltreligionen ausnahmslos einem prä-astronautischen Weltverständnis verhaftet sind – selbst Jesus konnte durch seinen Aufstieg in den Himmel zur Bedienungsanleitung des Raumschiffs Erde nichts Nennenswertes beitragen.

Mit diesen Überlegungen ist eine Aussage über das Verhältnis von Sein und Wissen verbunden: Das Wissen hat wesenhaft einen Rückstand auf die Wirklichkeit – ja, man könnte sagen, es trifft prinzipiell verspätet ein. Angesichts dessen drängt sich die Frage auf, ob aus der Verspätung des Wissens gefolgert werden muß, daß es auch in bezug auf unsere künftigen Probleme notwendigerweise zu spät komme (vgl. dazu den Text von Michael D. Mastrandrea und Stephen H. Schneider in diesem Band). Glücklicherweise sind wir in der Lage, diese Frage verneinen zu können. Es gibt eine prognostische Intelligenz, die sich genau in der Lücke zwischen »spät« und »zu spät« geltend macht. Diese Intelligenz ist es, die sich hier und heute energisch artikulieren soll. Während bisher für einen Großteil des menschlichen Lernens das Gesetz galt, daß man allein »aus Schaden klug wird«, muß die prognostische Intelligenz klug werden wollen, bevor der Schaden eingetreten ist – ein Novum in der Geschichte des Lernens. Um in die Logik solcher Lernprozesse einzudringen, ist eine Kritik der prophetischen Vernunft vonnöten. Diese darf sich von dem basalen Paradoxon des Unheilsprophetismus nicht abschrekken lassen: Daß er, wenn er erfolgreich war, ex post wie ein überflüssiger Alarm aussehen wird, weil eben auf Grund seines Dazwischentretens nicht passiert sein wird, wovor er warnte. Umrisse einer solchen Kritik hat Jean-Pierre Dupuy in seiner Studie *Pour un catastrophisme éclairé* präsentiert.[27] Demnach können nur Apolyptiker vernünftige Zukunftspolitik betreiben, weil allein sie auch das Schlimmste als reale Möglichkeit bedenken.

Klug werden heißt heute vor allem: verstehen, daß der kinetische Expressionismus der letzten Jahrhunderte radikal modifiziert werden muß, wenn er schon nicht beendet werden kann. Unter kinetischem Expressionismus verstehe ich den Daseinsstil der Modernen, der vor allem durch die leichte Verfügbarkeit von fossilenergetischen Brennstoffen ermöglicht wurde. Seit diese Stoffe praktisch in jedermanns Hand gelangt sind, führen wir ein Leben, als ob Prometheus das Feuer ein zweites Mal gestohlen hätte. Was das bedeutet, wird klar, wenn wir zugeben, daß die zweiten Feuer längst nicht nur unsere Motoren treiben, sondern auch in unseren existentiellen Motiven, in unseren vitalen Begriffen von Freiheit brennen. Wir können uns keine Freiheit mehr vorstellen, die nicht immer auch Freiheit zu riskanten Beschleunigungen einschließt, Freiheit zur Fortbewegung an fernste Ziele, Freiheit zur Übertreibung und zur Verschwendung, ja schließlich auch Freiheit zur Explosion und zur Selbstzerstörung. Den kinetischen Expressionismus hören wir sprechen, wenn der junge Goethe 1776 in einem Sturm-und-Drang-Brief an Lavater schreibt: »Ich bin nun ganz eingeschifft auf der Woge der Welt – voll entschlossen: zu entdecken, gewinnen, streiten, scheitern, oder mich mit aller Ladung in die Luft zu sprengen.« Wir hören ihn, wenn Nietzsche in *Ecce homo* erklärt: »Ich bin kein

27 Paris: Seuil 2004.

Mensch, ich bin Dynamit.« Und wir sehen ihn praktisch am Werk, wenn Phileas Fogg, der Held von Jules Vernes *Reise um die Erde in 80 Tagen* auf dem letzten Stück seiner Erdumrundung während der Atlantikpassage – von New York zurück nach England – in Ermangelung von Kohlen damit beginnt, die Holzaufbauten des eigenen Schiffes herunterzureißen, um mit ihnen die Brennkammern der Dampfmaschinen zu füttern. Jules Verne hat mit dem sich selbst verbrennenden Schiff des Phileas Fogg nicht weniger als eine Weltmetapher für das industrielle Zeitalter gefunden: Sie evoziert die fatale Selbstreferentialität eines Verkehrs, der die eigenen Grundlagen verheizt – man muß bis zu dem frühromantischen Dichter Novalis und seiner kritischen Vision der »sich selbst mahlenden Mühle« zurückgehen, um ein Bild von ähnlicher Prägnanz zur Beschreibung des aktuellen *modus vivendi* zu entdecken. Kinetischer Expressionismus ist aber schon der Geste inhärent, mit welcher Queen Elisabeth I. von England auf den bekannten Stichen des 16. Jahrhunderts ihre herrscherliche Hand auf den Erdglobus legt, wie um zu zeigen, nun habe eine Ära begonnen, in der die Herren der Welt sich nicht mehr mit ihren eigenen Ländereien begnügen, sondern ihre Macht auf die fernsten Weltgegenden ausdehnen müssen. Der Expressionismus wird politisch, sobald das Subjekt, das sich verwirklichen will, die Güter der ganzen Welt für seine Sehnsucht und seinen Konsum reklamiert. Das für moderne Lebensformen konstitutive Prinzip Wachstum meint nichts anderes als kinetischen Expressionismus in Aktion.

II.

»Wir sind auf einer Mission:
zur Bildung der Erde sind wir berufen.«
Novalis[28]

Der Expressionismus der Modernen beruht auf einer Annahme, die für die Menschen früherer Zeiten so selbstverständlich war, daß sie praktisch nie explizit formuliert werden mußte. Für sie stellte die Natur ein unendlich überlegenes und darum auch grenzenlos belastbares Außen dar, das alle menschlichen Entladungen absorbierte und alle Ausbeutungen ignorierte. Diese spontane Naturidee hat die Geschichte der Menschheit bis gestern bestimmt, und noch heute gibt es unzählige Zeitgenossen, die sich nicht vorstellen können und wollen, in diesem Punkt könne ein Umdenken notwendig werden. Der entfesselte expressionistische Zug im Lebensstil der reichen Zivilisationen von heute hat jedoch klargemacht: Die Gleichgültigkeit der Natur gegen das menschliche Treiben war eine Illusion, die dem Zeitalter der Ignoranz entsprach (vgl. dazu den Essay von Paul J. Crutzen in diesem Band). Es gibt Grenzen des Ausdrucks, Grenzen der Emission, Grenzen der Duldung von Unwissenheit – und weil es solche Grenzen gibt, auch wenn wir nicht wissen, wo genau sie zu ziehen wären, gerät die scheinbar unvordenkliche Idee der Natur als einer alles-absorbierenden Äußerlichkeit ins Wanken. Mit einem Mal sehen wir uns genötigt, die widernatürlich scheinende Vorstellung zuzulassen, daß die terrestrische Sphäre im ganzen durch die menschliche Praxis in ein einziges großes Interieur verwandelt worden ist. Buckminster Fuller hatte die Verantwortung für diese erschütternde Wende in die Hände der De-

28 Novalis, »Blütenstaub«, 32. Aphorismus, in: ders., *Aphorismen*, Frankfurt am Main/Leipzig: Insel Verlag 1992, S. 20.

signer legen wollen, von denen er eine »komprehensive« und »antizipatorische« Denkweise forderte. Solches Denken sollte die »Weltplanung« im »totalen Kommunikationssystem des Menschen« auf dem Raumschiff Erde ermöglichen.

Vierzig Jahre nach der Publikation von Buckminster Fullers Manifest stellt sich heraus, daß es weniger die Designer sind, die für die Durchsetzung der neuen Welt-Idee des Makro-Interieurs gesorgt haben, als vielmehr die Meteorologen. Für uns ist evident: Nicht das Design, die Meteorologie ist an die Macht gekommen. Sie hat sich politisch und wissenschaftlich durchgesetzt, weil sie für den Augenblick das suggestivste Modell des globalen Interieurs anbietet: Sie handelt von dem dynamischen Kontinuum der terrestrischen Gashülle, das wir seit den Tagen der griechischen Physiker die Atmosphäre – wörtlich: die Dunstkugel – nennen. Die Gespräche über das Wetter haben aufgehört, harmlose Konversationen zu sein, seit uns die Klimawissenschaftler bewiesen haben, daß die Atmosphäre ein Gedächtnis hat: Sie hat den Rauch aus den Schornsteinen der frühen industriellen Revolution immer noch nicht ganz vergessen, und sie wird auch nichts von alledem ganz vergessen, was die Kohlekraftwerke der entwickelten Länder, die Heizungsanlagen der Mega-Citys, die Flugzeuge, die Schiffe, die Automobile der Wohlhabenden und die unzähligen offenen Feuer der Armen auf allen Kontinenten in sie entlassen, obschon gewöhnlich die Hälfte davon durch Ozeane und Biosphäre gebunden wird. Gewiß, auch andere Relikte humaner Fragwürdigkeit werden von der Erde aufbewahrt: Noch in unseren Tagen werden im norddeutschen Schlamm Hufeisen entdeckt, die den Durchzug römischer Kavallerie beweisen. Dem deutschen Boden wird von der Anwesenheit der römischen Hufeisen weder warm noch kalt. Hingegen ist die Erdatmosphäre ein sensibler Deponieraum: Sie zeigt die Neigung, auf vergangene und gegenwärtige Emissionen mit

Erwärmung zu antworten. Wenn die Meteorologen die Wahrheit sagen, wird die erwartbare Veränderung des Klimas in vielen Weltgegenden zu Verhältnissen führen, die mit menschlichem Dasein, wie wir es gekannt haben, nicht verträglich sind (vgl. dazu den Text von Michael D. Mastrandrea und Stephen H. Schneider in diesem Band).

Somit sind die Meteorologen in die Rolle von Reformatoren geraten. Sie übermitteln den Menschen in den Industrienationen wie in den großen Schwellenländern einen Aufruf zur Umkehr hinsichtlich ihres Lebensstils: Sie fordern nicht weniger als eine mittelfristige Dekarbonisierung der Zivilisation und einen weitgehenden Verzicht auf die enormen Annehmlichkeiten des fossilenergetisch basierten *modus vivendi*. Der Einschnitt, den diese Postulate bedeuten, reicht so tief, daß man berechtigt ist, nach großen Analogien zu greifen: Das von den Menschen des 21. Jahrhunderts geforderte Umdenken geht weiter als die Reformationen des 16. Jahrhunderts, in denen immerhin die Regeln des Verkehrs zwischen Erde und Himmel revidiert wurden. Es erinnert geradewegs an die Stimme Johannes' des Täufers, die zur totalen Umkehr aufrief. Die Stimme aus der Wüste verlangte damals nicht weniger als eine Metanoia, die dazu gedacht war, das triviale egoistische Ethos des Alltags durch den moralischen Ausnahmezustand des Herzens zu ersetzen – dieser Ruf sollte die permanente Revolution auslösen, die wir Christentum nennen. Schließlich erinnert die heutige Forderung nach einem Umdenken auch an die subtile Bemerkung Platons in seinem Dialog *Sophistes*, wonach der Streit zwischen den Ideenfreunden (vulgo den Idealisten) und den Liebhabern der wahrnehmbaren Körper (vulgo den Materialisten) über den Sinn des Seins einem Gigantenkampf gleichkomme – einem Kampf, der auf Grund der Strittigkeit der Sache selbst so lange dauert, wie es Menschen gibt, um für die eine oder andere Position zu votieren.

Der aktuelle Kampf um das Klima hat nicht mehr die »Erdherrschaft« zum Gegenstand, von der die politischen Kommentatoren des imperialistischen Zeitalters mit Vorliebe sprachen. Vielmehr geht es in ihm um die Möglichkeit, den Zivilisationsprozeß offenzuhalten und seine Fortsetzung zu gewährleisten. Nach der gegenseitigen Entdeckung der Kulturen durch den Fernverkehr zwischem dem 16. und dem 20. Jahrhundert führte dieser Prozeß eine provisorische Synthese der globalen Akteure durch Handel und Diplomatie herbei. Er soll demnächst vorangetrieben werden bis zum positiven Zusammenwirken der Kulturen in operationsfähigen gemeinsamen Institutionen – wobei wir die Frage beiseite lassen, ob »die Menschheit« überhaupt imstande ist, ein kohärentes Wir oder eine praxisfähige *volonté générale* auszubilden. Nur zwei Dinge sind im Augenblick gewiß: Zum einen, daß die meteorologische Reformation, deren Anfänge wir erleben, die Aussicht auf ein Zeitalter größter Konflikte eröffnet; zum anderen, daß das 21. Jahrhundert als ein Jahrmarkt der Erlösereitelkeiten in die Geschichte eingehen wird, an dessen Ende sich die Menschen nach Erlösung von der Erlösung und Rettung vor den Rettern sehnen werden. Es kündigt sich zugleich als eine Ära der Heuchelei und der Doppelmoral an. Nichtsdestoweniger wird es in dieser Zeit, jenseits von Eitelkeit, Panik und Heuchelrhetorik, stets um die ernste Frage gehen, ob sich auf dem Raumschiff Erde so etwas wie ein globales Stabilisierungsregime einrichten läßt. Zu bedenken ist hierbei, daß die Ansprüche an den Begriff Stabilisierung von Anfang an gemäßigt bleiben müssen. Die kulturelle Evolution kennt keine stabilen Gleichgewichte. Sie kann bestenfalls von einem lebbaren Ungleichgewichtszustand zum nächsten überleiten.

Schon heute lassen sich die Konturen des künftigen Gigantenkampfs erkennen. In ihm wird die idealistische Partei durch die Vertreter einer neuen Bescheidenheit vertreten. Sie konfrontieren ihre materialistischen Gegner mit der Forderung, alle Formen des kinetischen Expressionismus müßten auf ein erdpolitisch tolerables Minimum reduziert werden. Wenn wir verstanden haben, daß dieser Expressionismus mit dem *modus vivendi* der Wohlstandkulturen auf dem Planeten identisch ist, ja daß er die Gesamheit unseres »Stoffwechsels mit der Natur«, unseres Produzierens, unseres Konsumierens, unseres Wohnens, unseres Verkehrs, unserer Künste und Kommunikationen durchdringt und daß in jedem dieser Bereiche die Vorzeichen zur Stunde noch immer unbeirrt auf Wachstum und Überbietung gestellt sind, so begreifen wir eines unmittelbar: Die expressions- und emissionsfeindliche Ethik der Zukunft zielt geradewegs auf die Umkehrung der bisherigen Zivilisationsrichtung. Sie verlangt Verminderung, wo bisher Vermehrung auf dem Plan stand, sie fordert Minimierung, wo bisher Maximierung galt, sie will Zurückhaltung, wo bisher Explosion erlaubt war, sie verordnet Sparsamkeit, wo bisher Verschwendung als höchster Reiz empfunden wurde, sie mahnt die Selbstbeschränkung an, wo bisher die Selbstfreisetzung gefeiert wurde. Denkt man diese Umschwünge zu Ende, so gelangt man im Zuge der meteorologischen Reformation zu einer Art von ökologischem Calvinismus. Dieser gründet sich auf das Axiom: Der Menschheit steht nur diese eine Erde zur Verfügung. Sie darf folglich von ihrer Grundlage nicht mehr verlangen, als sie zu geben imstande ist – bei Strafe der Selbstzerstörung. Auf diese Weise wird die Globalisierung paradox gegen ihre eigene Grundtendenz wirksam: Indem sie auf der ganzen Linie Expansionen durchsetzt, erzwingt sie Beschränkungen auf der ganzen Linie. Indem sie den Wohlstand generalisieren will, macht sie die Entdeckung, daß letztlich global nur dessen Gegenteil praktikabel wäre: Frugalität für alle.

Mit diesen Hinweisen treten die Giganten in Erscheinung, die im kommenden Jahrhundert aufeinanderstoßen. Wir werden das Ringen zwischen Expansionismus und Minimalismus erleben. Wir werden wählen sollen zwischen der Ethik des Feuerwerks und der Ethik der Askese. Wir werden spüren, wie die streitenden Alternativen sich in unseren Lebensgefühlen abbilden und wie wir zwischen den Zuständen manischer Verschwendung und depressiver Sparsamkeit schwanken. Nietzsche hat über die Erde gelegentlich bemerkt, sie müsse einer externen Intelligenz als der »asketische Stern« erscheinen, auf dem eine Elite von ressentimentgetriebenen depressiven Spiritualisten den Ton angibt. Seit dem 20. Jahrhundert erlebt der wohlhabende Teil der Erde ein hedonistisches Zwischenspiel, das vorüber sein könnte, bevor das 21. Jahrhundert endet. Sollte die angekündigte Reformation zu einem meteorologischem Sozialismus führen (vgl. dazu den Essay von Mike Davis in diesem Band), würde die Erde demnächst von außen als der frugale Stern wahrgenommen werden: Jeder einzelne Mensch würde auf ihm ein kleines Emissionsguthaben verwalten, das ihm als *shareholder* der Atmosphäre und der übrigen Elemente zugestanden ist. Da Nietzsche zugleich ein Experte in Fragen der Götter- und Gigantenkämpfe war, wußte er, daß es in Konflikten dieser Größenordnung keine Neutralität gibt: »Ach! Es ist der Zauber dieser Kämpfe, daß, wer sie schaut, sie auch kämpfen muß!« schreibt er dazu in der *Geburt der Tragödie aus dem Geiste der Musik*. Jeder Bürger der reichen Nationen wird den Gigantenkampf nicht nur in der eigenen Brust austragen, er wird auch durch seine privaten Konsumentscheidungen öffentlich machen, auf welche Seite er sich geschlagen hat.

III.

»Indessen hat bis jetzt niemand herausgefunden,
was der Körper alles vermag.«
Spinoza[29]

Bei diesem Stand der Überlegungen hat es den Anschein, als ob der ökologische Puritanismus die einzige vernünftige Moral an Bord des Raumschiffs Erde sein könnte. Man mag hierüber urteilen, wie man will: Unbestreitbar bleibt, daß während des 20. Jahrhunderts eine neue Gestalt des absoluten Imperativs in die Welt getreten ist: »Du mußt dein Leben ändern« – dieser Satz prägt sich seither mit unwidersprechlicher Autorität in die ethischen Intuitionen vieler Zeitgenossen ein. Er imprägniert unser Bewußtsein mit dem verbindlichen Auftrag, einen *modus vivendi* auszubilden, der den ökologisch-kosmopolitischen Einsichten unserer Kultur entspricht. Er erreicht einen Grad an Evidenz, der mit jener vergleichbar ist, kraft welcher vor Zeiten die buddhistischen, die stoischen, die christlichen, die islamischen und die humanistischen Ethiken sich jeweils bei den von ihnen ergriffenen Individuen und Gemeinschaften Geltung verschafft haben und immer noch verschaffen. Weil der neue Imperativ wie jede große ethische Evidenz an alle appelliert, ist es realistisch, eine weltweit um sich greifende Welle des ethischen Enthusiasmus vorherzusagen. In dem wird sich der aktuelle Lebenswille mit dem aktuellen Gefühl für das Gute und Richtige zu einem machtvollen, vielleicht weltbewegenden Elan verbinden – innerhalb und außerhalb der überlieferten Religionen. Ebenso realistisch ist es, mit einer komplementären Welle der Resignation, des Defätismus und des zynischen »Nach-uns-die Sintflut« zu rechnen.

29 »Etenim, quod corpus possit, nemo hucusque determinavit.« – *Ethik*, III. Teil, Lehrsatz 2, Scholie.

In erster Lesung sieht es demnach so aus, als könne aus dem aktuellen Imperativ nichts anderes als eine Ethik der globalen Mäßigung folgen. Offen bleibt wohl allein die Frage, ob die Wende zur Bescheidenheit infolge eines freiwilligen Einlenkens der Populationen in den emissionsintensiven Kulturen erfolgt oder ob die Regierungen der reichen Nationen – in Ermangelung von Global Governance bislang die einzigen handlungsfähigen Makrosysteme – sich früher oder später gezwungen sehen werden, jeweils auf ihren Territorien eine Art von ökologischem Kriegsrecht zu proklamieren, unter dem erzwungen wird, was auf freiwilliger Basis nicht zu erreichen ist.

Auf den zweiten Blick zeigt sich, daß die Forderungen nach einer globalen Ethik der Mäßigung oder gar die Hoffnungen auf einen klimatischen Sozialismus illusorisch sind. Sie haben nicht nur die ganze Schubkraft der expressionistischen Zivilisation gegen sich, sie widersprechen auch den Einsichten in die Triebkräfte der höheren Kulturen. Diese sind nämlich ohne die Liaison zwischen dem Streben nach Selbsterhaltung und dem Willen zur Selbststeigerung nicht zu denken. In der Verbindung von Selbsterhaltung und Selbststeigerung ist die Vorentscheidung zugunsten einer Kultur enthalten, in welcher der Überfluß, die Verschwendung und der Luxus das Bürgerrecht erhalten. Schon Platon mußte bei seinen Überlegungen über die Einrichtung des idealen Gemeinwesens die Hypothese der frugalen Polis fallen lassen: Der weiseste der Griechen wußte nichts Passendes mehr zu erwidern, als Glaukon ihm nach der Schilderung einer Mahlzeit in der bedürfnislosen Stadt die grobe Frage entgegenhielt: »Wenn du eine Stadt für Schweine gegründet hättest, Sokrates, was würdest du ihnen anderes zu fressen geben als dergleichen?«[30] Diesem Einwand muß Sokrates sich geschlagen geben und die Konstruktion einer üppigen

30 *Politeia*, II, 372d.

Stadt zulassen. In analoger Weise sind wir heute gezwungen, bei allen Prognosen und Projekten für die Welt von morgen davon auszugehen, daß die Menschen in den reichen Nationen ihren Wohlstand und seine technischen Prämissen für Eroberungen halten, die sie nicht mehr aus der Hand geben. Sie werden überzeugt bleiben, es sei die Aufgabe der Evolution, durch stetiges Wachstum den materiellen Wohlstand und die expressiven Privilegien zu globalisieren, die sie selbst genießen. Sie werden sich weigern, sich mit einer Zukunft anzufreunden, die auf Schrumpfung und Zurückhaltung gründet.

Hiergegen wenden die Verfechter der neuen Bescheidenheit ein, den Wohlhabenden von heute werde über kurz oder lang nichts anderes übrig bleiben, als sich den ökologischen Tatsachen zu beugen. In dem Maß, wie große Zahlen neuer Produzenten und Konsumenten in den Club der Verschwender eintreten, werden sich die Grenzen der Emission und des Ausdrucks immer dramatischer und immer früher bemerkbar machen. Hier kommt das Axiom ins Spiel, auf dem alle Grenzen-des-Wachtums-Argumente beruhen: Die Erde ist nur in einem einzigen Exemplar vorhanden – und doch leben die reichen Nationen heute bereits so, als ob sie anderthalb Erden ausbeuten dürften. Sollte ihr Lebensstil auf alle Mitbewohner des Planeten ausgeweitet werden, müßten der Menschheit nicht weniger als vier Erden zur Verfügung stehen. Da aber die Erde eine einzige, nicht multiplizierbare Monade darstellt, müssen wir den Vorrang der Grenze vor dem Impuls zur Überschreitung akzeptieren.

Fürs erste erscheint dieses Argument unwiderlegbar. Solange man die Erde und ihre Biosphäre als eine unvermehrbare Singularität auffaßt, muß das ausbeuterische Verhalten der modernen Ausdrucks- und Komfortzivilisation als eine unverzeihliche Irrationalität erscheinen. Der Umgang der Menschen mit ihrem Planeten gleicht dann einem Katastrophenfilm, in dem rivalisierende Mafiagruppen sich an Bord eines Flugzeugs in 12 000 Meter Höhe ein Feuergefecht mit großkalibrigen Waffen liefern. Gleichwohl ist es legitim, die Frage aufzuwerfen, ob wir aus der monadologischen Deutung der Erde die angemessenen Konsequenzen gezogen haben. Verstehen wir denn unsere Lage richtig, wenn wir den Planeten und seine Biosphäre als eine unmultiplizierbare Eins interpretieren und diese als ein unüberschreitbares Fixum auffassen? Wir sollten bedenken: Wir haben es nicht mehr allein mit dem kosmologischen Urdatum Erde und dem evolutionären Urphänomen Leben zu tun. Zu diesen Basisgrößen ist im Lauf der sozialen Evolution die Technosphäre hinzugetreten, die ihrerseits von einer Noosphäre animiert und moderiert wird. Im Blick auf diese beiden Zuwachs-Dimensionen sind wir berechtigt, den Satz Spinozas: bisher habe noch niemand bestimmt, was der Körper vermag – der sich auf den menschlichen Körper bezieht –, auf die Erde zu übertragen: Bisher hat noch niemand bestimmt, was der Erdkörper vermag. Wir wissen noch nicht, welche Entwicklungen möglich werden, wenn Geosphäre und Biosphäre durch eine intelligente Technosphäre und Noosphäre weiterentwickelt werden. Es ist nicht a priori ausgeschlossen, daß hierdurch Effekte auftreten, die einer Multiplikation der Erde gleichkommen.

Die Technik hat ihr letztes Wort noch nicht gesprochen. Wenn man sie bis heute zumeist unter dem Aspekt der Umweltzerstörung und der Biogenativität wahrnimmt, so verrät dies nur, daß sie sich in mancher Hinsicht noch immer in ihren Anfängen befindet. Vor einiger Zeit wurde der Vorschlag gemacht, zwischen Heterotechnik und Homöotechnik zu unterscheiden[31] – wobei die erste auf Prozeduren der Naturver-

31 Peter Sloterdijk, *Nicht gerettet. Versuche nach Heidegger*, Frankfurt am Main: Suhrkamp 2001, S. 212 f.

gewaltigung und der Naturüberlistung beruht, die zweite auf Prozeduren der Naturnachahmung und der Fortführung natürlicher Produktionsprinzipien auf artifizieller Ebene. Durch die Umrüstung der Technosphäre auf homöotechnische und biomimetische Standards würde mit der Zeit ein völlig anderes Bild vom Zusammenspiel zwischen Umwelt und Technik entstehen. Wir würden erfahren, was der Erdkörper kann, sobald die Menschen im Umgang mit ihm von Ausbeutung auf Koproduktion umstellen. Auf dem Weg der bloßen Ausbeutung bleibt die Erde für alle Zeit die begrenzte Monade. Auf dem Weg der Koproduktion zwischen Natur und Technik könnte sie ein Hybridplanet werden, auf dem mehr möglich sein wird, als konservative Geologen glauben.

Analoge Ideen haben die kreativeren Köpfe der Ökobewegung in aller Welt hervorgebracht. Sie haben uns vorgerechnet, wie man weltweit bei einer Halbierung des Ressourcenverbrauchs eine Verdoppelung des Wohlstands erzielt. In die gleiche Richtung zielt eine erratische Bemerkung Buckminster Fullers, die eine Brücke schlägt zwischen der wunderbaren Vermehrung der Brote im Neuen Testament und der metaphysisch gedeuteten Geschichte der Technik: »Durch die Anwendung der Hebelgesetze [...] ist es buchstäblich möglich [...], mehr mit weniger zu erreichen. Vielleicht war es diese intellektuelle Bereicherung [...], die Christus in der Bergpredigt lehren wollte, jener dunklen Geschichte von den Broten und den Fischen.«[32] Der Schluß seiner *Betriebsanleitung* gehört folgerichtig einem Appell an das Ethos der Kreativität:

> »So, Planer, Architekten und Ingenieure, ergreift die Initiative. Geht ans Werk, und vor allen Dingen, arbeitet zusammen und haltet nichts voreinander hinterm Berg und versucht nicht, auf Kosten der anderen zu gewinnen. Jeder

32 Buckminster Fuller, a. a. O., S. 51.

Erfolg dieser Art wird zunehmend von kurzer Dauer sein. Das sind die synergetischen Gesetze, nach denen die Evolution verfährt und die sie uns klarzumachen versucht. Das sind keine vom Menschen gemachten Gesetze. Das sind die unendlich großzügigen Gesetze der intellektuellen Integrität, die das Universum regieren.«[33]

Man muß sich davor hüten, diese Aussagen auf die Naivität zu reduzieren, die sie enthalten. Sollte die große Autodidaktik so weit kommen, die Emissionen der Ignoranz in Grenzen zu halten: Es könnte dies nur geschehen dank der intellektuellen Integrität all derer, die heute die Verantwortung für ihr positives Wissen und ihre dunklen Prognosen übernehmen.

33 Ebd., S. 119 f.

Über die Autoren

Paul J. Crutzen, geboren 1933 in Amsterdam, war von 1980 bis 2000 Direktor des Max-Planck-Instituts für Chemie in Mainz und leitete dort die Abteilung für Atmosphärenchemie. Für seinen Beitrag zur Erforschung des Ozonlochs erhielt er 1995 gemeinsam mit Mario J. Molina und Frank Sherwood Rowland den Nobelpreis für Chemie.

Mike Davis, geboren 1946 in Fontana/Kalifornien. Mit Büchern wie *City of Quartz. Excavating the Future in Los Angeles* (London/New York: Verso 1990; deutsch: *City of Quartz. Ausgrabungen der Zukunft in Los Angeles*, aus dem Englischen von Jan Reise, Berlin: Schwarze Risse 1994) und *Planet of Slums* (London/New York: Verso 2006; deutsch: *Planet der Slums*, aus dem Englischen von Ingrid Scherf, Berlin: Assoziation A 2007) gilt er als einer der wichtigsten Zeitdiagnostiker der Gegenwart. Mike Davis lehrt Creative Writing an der University of California, Riverside.

Michael D. Mastrandrea lehrt am Woods Institute for the Environment der Stanford University. Außerdem ist er Deputy Director Science der Arbeitsgruppe II des Intergovernmental Panel on Climate Change (IPCC). Seine Arbeiten wurden im *Science Magazine* und den *Proceedings of the National Academy of Sciences of the United States of America* veröffentlicht. Er ist einer der Autoren der Kapitel über Vulnerabilitäten und Klimarisiken sowie langfristige Verminderungsstrategien im 2007 erschienenen *Vierten Sachstandsbericht* des IPCC.

Stephen H. Schneider (1945-2010) war einer der führenden Klimaforscher der USA. Er lehrte als Melvin and Joan Lane

Professor for Interdisciplinary Environmental Studies an der Stanford University. Als Mitglied der National Academy of Sciences of the United States of America beriet er Bundesbehörden und sieben Regierungen. Schneider war einer der federführenden Wissenschaftler des IPCC und gehörte zu dem Team, das den *Synthesis Report* des 2007 erschienenen *Vierten Sachstandsberichts* verfaßte. Gemeinsam mit seinen Kollegen vom IPCC wurde er 2007 mit dem Friedensnobelpreis ausgezeichnet. Er verstarb unerwartet im Juli 2010.

Peter Sloterdijk, geboren 1947, ist Professor für Ästhetik und Philosophie an der Hochschule für Gestaltung in Karlsruhe. Im Suhrkamp Verlag erschienen zuletzt *Die nehmende Hand und die gebende Seite* (2011) sowie *Du mußt dein Leben ändern. Über Anthropotechnik* (st 4210).

Textnachweise

Paul J. Crutzens Aufsatz »The geology of mankind« erschien im Januar 2002 in der Zeitschrift *Nature* (Band 415, S. 23).

Michael D. Mastrandreas und Stephen H. Schneiders Buch *Preparing for Climate Change* erschien 2010 in der Serie »Boston Review Books« bei MIT Press (Cambridge/Mass., London).

Mike Davis' Essay basiert auf der Dankesrede anläßlich der Verleihung des Kulturpreises der Münchener Universitätsgesellschaft, die der Autor am 8. Dezember 2008 gehalten hat. Eine deutsche Fassung erschien erstmals in den *Blättern für deutsche und internationale Politik* (2/2009, S. 41-59). Die in diesem Band abgedruckte, leicht aktualisierte Fassung folgt Mike Davis' Artikel »Who will build the ark?«, der in der *New Left Review* veröffentlicht wurde (Januar/Februar 2010, S. 29-46). Der Abdruck der deutschen Übersetzung erfolgt mit freundlicher Genehmigung der Ludwig-Maximilians-Universität München.

Peter Sloterdijk hielt die Rede »Wie groß ist ›groß‹?« während der UN-Klimakonferenz in Kopenhagen im Dezember 2009. Der Text erschien am 17. Dezember 2009 in der Tageszeitung *Die Welt*.

Peter Sloterdijk
Du mußt dein Leben ändern
suhrkamp taschenbuch 4210. 723 Seiten

Für Peter Sloterdijk ist die Erde ein »Planet der Übenden«. Bauern, Arbeiter, Krieger, Schreiber, Yogi, Rhetoren, Instrumentalvirtuosen oder Models, sie alle sind Übende und verkörpern am deutlichsten die Existenzweise des Menschen als sich durch Übungen selbst erzeugendes Wesen. Rainer Maria Rilke hat den Antrieb zu solchen Exerzitien zu Beginn des 20. Jahrhunderts in die Form gefaßt: »Du mußt dein Leben ändern.«
Peter Sloterdijk fordert in seinem Bestseller eine grundlegende Veränderung der Sicht auf den Einzelnen und die Gesellschaft. Den Kern seiner Wissenschaft vom Menschen bildet die Einsicht von der Selbstbildung alles Humanen. Der Mensch, der sich als Übender immer wieder selbst erzeugt, wird zum über sich hinausgehenden Wesen.

»Unter dem berühmten, Rilke entlehnten Appell ›Du musst dein Leben ändern‹ gelingt Sloterdijk die erste ernstzunehmende philosophische Auseinandersetzung mit der beginnenden globalen Krise und der Herausforderung, die sie an den Menschen – und man muss bei allem Argwohn gegen den Großbegriff sagen: an die Menschheit – stellt. [...] Peter Sloterdijks neuester Geniestreich gibt dafür einen exquisiten Leitfaden ab.«

Der Tagesspiegel

Friedrich von Borries
Klimakapseln
Überlebensbedingungen in der Katastrophe
es 2615. 207 Seiten mit zahlreichen Abbildungen

Noch ignorieren wir die globale Erwärmung in der Hoffnung, den Ingenieuren werde schon etwas einfallen, wenn der Problemdruck groß genug ist. Friedrich von Borries stellt eine realistischere Frage: Wie werden wir uns anpassen, wenn der Klimawandel Realität geworden ist? Er entwirft ein Szenario, in dem die Reichen in abgeriegelten Kapseln leben, während die Armen auf schwimmende Inseln warten. In fiktionalen Porträts stellt er die Protagonisten der Kapselwelt vor, den Architekten, den Flüchtling, den Sonnenlenker u. a. Ein Glossar gibt zudem einen Überblick über Projekte, in deren Rahmen sich Künstler, Regisseure und Architekten in den letzten Jahrzehnten mit dem Thema Klima befaßt haben.

»Die Intertextualität von Science-Fiction, Fachmagazinen und Weltlage ›nach Kopenhagen‹ erweist sich als tragfähiges Gerüst, um darauf einen eigenen Zukunftsentwurf aus den Zitaten zusammenzucollagieren, der von bedrückender Wahrscheinlichkeit ist. Aber auch von beträchtlichem literarischem Reiz. Es liest sich jedenfalls wie der Entwurf zu einem Roman, den Frank Schätzing erst noch schreiben muss.«

Frankfurter Allgemeine Sonntagszeitung

Dietmar Dath
Die Abschaffung der Arten
Roman
suhrkamp taschenbuch 4145. 552 Seiten

Das Zeitalter, das wir kennen, ist längst vorbei. Wo einmal Europa war, gibt es nur noch drei labyrinthische Städte, die eher gewachsen sind, als daß sie erbaut wurden. Die Welt gehört den Tieren. Cyrus Golden, der Löwe, lenkt den Staat der drei Städte. Als ein übermächtiger Gegner die neue Gesellschaft bedroht, schickt er den Wolf Dimitri als Diplomaten aus – er soll im einstigen Nordamerika einen Verbündeten finden. Die Nachtfahrt über den Ozean führt den Wolf an den Rand seiner Welt, wo er erkennt, »warum den Menschen passiert ist, was ihnen passiert ist«.
Die große spekulative Literatur über Niedergang und Wiedergeburt der Zivilisation reicht von Thomas Morus über H. G. Wells und Jules Verne bis hin zu Stephen King und William Gibson. Dietmar Dath schreibt sie mit diesem Roman fort.

»Dietmar Daths ›Abschaffung der Arten‹ ist der erste deutsche Roman, der eine ernsthafte literarische Aufmerksamkeit hat für den großen Epochenwandel unserer Zeit. Ihn zu lesen, heißt: In die grelle Sonne zu blicken.« *Die Zeit*

Ulrich Beck
Nachrichten aus der Weltinnenpolitik
es 2619. 150 Seiten

Das letzte Jahr (August 2009 bis August 2010) hat gezeigt, daß die Unterscheidung zwischen Innen- und Außenpolitik ausgedient hat: In Pittsburgh berieten die G-20-Staaten über die Finanzkrise, in Kopenhagen rangen die Vereinten Nationen um ein Konzept zur Abwendung des Klimawandels, in London suchte man nach Lösungen für den Konflikt in Afghanistan. In diesem Jahr der verschwimmenden Grenzen hat Ulrich Beck notiert, was ihm auffiel: in den Medien und in der Wirklichkeit, global und lokal. In seinen Kolumnen, die u. a. in der *Frankfurter Rundschau* erschienen, bringt er Ordnung ins diskursive Durcheinander. Anders als eher normativ-philosophische Ansätze, die sich mit einer »reinen« Weltinnenpolitik befassen, nähert er sich der »unreinen real existierenden« Weltinnenpolitik induktiv im »Maulwurfverfahren« – »neugierig, zornig, provokativ, exemplarisch«.

Ulrich Beck, geboren 1944, ist Professor emeritus für Soziologie an der LMU München. Zuletzt gab er zusammen mit Angelika Poferl den Reader *Große Armut, großer Reichtum* (es 2710) heraus.

Dietmar Dath
Die Abschaffung der Arten
Roman
suhrkamp taschenbuch 4145. 552 Seiten

Das Zeitalter, das wir kennen, ist längst vorbei. Wo einmal Europa war, gibt es nur noch drei labyrinthische Städte, die eher gewachsen sind, als daß sie erbaut wurden. Die Welt gehört den Tieren. Cyrus Golden, der Löwe, lenkt den Staat der drei Städte. Als ein übermächtiger Gegner die neue Gesellschaft bedroht, schickt er den Wolf Dimitri als Diplomaten aus – er soll im einstigen Nordamerika einen Verbündeten finden. Die Nachtfahrt über den Ozean führt den Wolf an den Rand seiner Welt, wo er erkennt, »warum den Menschen passiert ist, was ihnen passiert ist«.
Die große spekulative Literatur über Niedergang und Wiedergeburt der Zivilisation reicht von Thomas Morus über H. G. Wells und Jules Verne bis hin zu Stephen King und William Gibson. Dietmar Dath schreibt sie mit diesem Roman fort.

»Dietmar Daths ›Abschaffung der Arten‹ ist der erste deutsche Roman, der eine ernsthafte literarische Aufmerksamkeit hat für den großen Epochenwandel unserer Zeit. Ihn zu lesen, heißt: In die grelle Sonne zu blicken.« *Die Zeit*

Ulrich Beck
Nachrichten aus der Weltinnenpolitik
es 2619. 150 Seiten

Das letzte Jahr (August 2009 bis August 2010) hat gezeigt, daß die Unterscheidung zwischen Innen- und Außenpolitik ausgedient hat: In Pittsburgh berieten die G-20-Staaten über die Finanzkrise, in Kopenhagen rangen die Vereinten Nationen um ein Konzept zur Abwendung des Klimawandels, in London suchte man nach Lösungen für den Konflikt in Afghanistan. In diesem Jahr der verschwimmenden Grenzen hat Ulrich Beck notiert, was ihm auffiel: in den Medien und in der Wirklichkeit, global und lokal. In seinen Kolumnen, die u. a. in der *Frankfurter Rundschau* erschienen, bringt er Ordnung ins diskursive Durcheinander. Anders als eher normativ-philosophische Ansätze, die sich mit einer »reinen« Weltinnenpolitik befassen, nähert er sich der »unreinen real existierenden« Weltinnenpolitik induktiv im »Maulwurfverfahren« – »neugierig, zornig, provokativ, exemplarisch«.

Ulrich Beck, geboren 1944, ist Professor emeritus für Soziologie an der LMU München. Zuletzt gab er zusammen mit Angelika Poferl den Reader *Große Armut, großer Reichtum* (es 2710) heraus.